高等职业教育酿酒技术专业系列教材

白酒贮存与包装

主编　梁宗余　刘　艳
主审　赵　东

中国轻工业出版社

图书在版编目（CIP）数据

白酒贮存与包装/梁宗余，刘艳主编 . —北京：
中国轻工业出版社，2024.7
高等职业教育酿酒技术专业系列教材
ISBN 978 - 7 - 5184 - 0602 - 9

Ⅰ.①白⋯　Ⅱ.①梁⋯ ②刘⋯　Ⅲ.①白酒—贮藏—
高等职业教育—教材②白酒—包装—高等职业教育—教材
Ⅳ.①TS262.3

中国版本图书馆 CIP 数据核字（2015）第 205317 号

责任编辑：江　娟　贺　娜
策划编辑：江　娟　　　责任终审：李克力　　封面设计：锋尚设计
版式设计：锋尚设计　　责任校对：吴大朋　　责任监印：张京华

出版发行：中国轻工业出版社（北京鲁谷东街5号，邮编：100040）
印　　刷：北京君升印刷有限公司
经　　销：各地新华书店
版　　次：2024 年 7 月第 1 版第 5 次印刷
开　　本：720×1000　1/16　印张：10.5
字　　数：210 千字
书　　号：ISBN 978 - 7 - 5184 - 0602 - 9　定价：25.00 元
邮购电话：010 - 85119873
发行电话：010 - 85119832　010 - 85119912
网　　址：http://www.chlip.com.cn
Email：club@ chlip.com.cn
版权所有　侵权必究
如发现图书残缺请与我社邮购联系调换
241166J2C105ZBW

内 容 简 介

　　为培养熟练掌握白酒贮存与包装的原理及操作技能的高素质人才,依据白酒贮存与包装两个生产过程,按照项目—任务化体例进行编写。按照国家白酒贮存勾调工和白酒包装工职业标准应知应会的要求,选取白酒老熟、白酒贮存管理、白酒包装等6个项目,每个工作项目或任务设置了"学习目标""项目概述""任务分析"" 任务实施"等栏目,每个项目完成后设置了"检查与评估"和"思考与练习",以便及时对任务完成情况进行评价。本教材内容力求理论与技术相支撑、理论与实际相结合,突出技能培养。以满足白酒生产企业中勾兑和包装人员工作岗位的需求。

　　本书适合高职高专院校食品生物技术、酿酒技术专业教材,中高级白酒贮存勾调工和白酒包装工培训用书,也可作为企业培训员工的选用教材和从事白酒生产管理人员的参考资料。

高等职业教育酿酒技术专业（白酒类）系列教材

编委会

本书编委会

主　编

梁宗余　（宜宾职业技术学院五粮液技术学院）
刘　艳　（宜宾职业技术学院五粮液技术学院）

副主编

梁盛华　（宜宾五粮液股份有限公司）
龙治国　（宜宾吉鑫制酒有限责任公司）

编　者

刘琨毅　（宜宾职业技术学院五粮液技术学院）
王　琪　（宜宾职业技术学院五粮液技术学院）
唐思均　（宜宾职业技术学院）
邢康康　（重庆市中药研究院）
李幼民　（宜宾职业技术学院）

主　审

赵　东　（宜宾五粮液股份有限公司）

　　中国白酒采用固态发酵，甑桶蒸馏。蒸馏出的新酒，由于酒糟层次、轮次、发酵时间不同，工艺不同，造成微量香味成分等理化指标存在差异，酒质区别较大，酒质不稳定，口感参差不齐；新酒还有比较明显的辛辣刺激感，含有某些不愉快气味。新酒进行分类、分等级储存一段时间后，能使酒体日趋平和、缓冲、细腻、柔顺，最重要的一点是能让酒体更加稳定，香与味更加协调，酒质稳中上升，利于成品酒后续的勾调工艺环节，利于提高每一批次产品的质量稳定性。

　　白酒经过贮存勾调后，需要经过包装才能投放市场。作为产品最终形成的总装工序，白酒包装承载了白酒文化、酒体设计、食品安全、企业文化、外观设计、品牌效应等元素，是企业生产最重要的环节之一。因此白酒贮存与包装是高职高专院校酿酒技术专业开设的一门重要的专业技术课程，主要面向白酒生产企业关键技术岗位，培养符合企业要求的生产、技术及管理型人才。

　　本教材基于白酒企业实际生产过程构建教学内容体系，按照白酒贮存勾调工和白酒包装工职业工种所要求的理论知识和技术技能，确定训练项目，细化任务。项目内容的排序则体现技能的递进。涵盖了白酒老熟技术、新酒入库前的等级划分、贮酒容器的类别和使用、新酒入库后验收定级、贮存过程中的复评、筛选及勾调、酒库运行的设备管理、酒库温湿度管理、降度贮存管理、酒库安全管理、包装材料验收、包装前的酒体后处理、包装设计及包装环境设计、白酒包装线管理、白酒包装质量检测、白酒企业的质量管理流程、白酒企业的食品安全管理等方面的具体内容。本书为适用于白酒企业生产一线职工及管理者，相关专业的大专院校师生的重要参考资料。

　　为了使教学与白酒企业实际生产紧密结合，本教材特意邀请了经验丰富的白酒企业骨干梁盛华、龙治国参与编写。本书由宜宾职业技术学院梁宗余、刘艳主编，策划各章节并统稿。其中项目一、二、三、六由龙治国、梁宗余、刘艳编写，项目四由龙治国、梁盛华、刘琨毅、王琪编写，项目五由李幼民、刘艳、唐思均、邢康康编写，书稿由宜宾五粮液股份有限公司高级工程师赵东审定，在此一并表示感谢！

由于编者水平和时间所限，书中错误和不足之处在所难免，恳请专家、学者、广大读者批评指正。

编者

2016 年 9 月

目　录

绪　论

项目五　白酒包装

项目六　白酒贮存与包装的质量与安全

附录 ⋯⋯⋯⋯⋯⋯⋯⋯⋯⋯⋯⋯⋯⋯⋯⋯⋯⋯⋯⋯⋯⋯⋯⋯⋯ 141

绪　　论

学习目标

知识目标

1. 掌握中国白酒的成长发展史，有利于系统学习中国白酒的相关知识，对白酒贮存和包装相关知识能更深入地理解和运用。

2. 掌握酒体微量成分的分类、香型分类、糖化剂分类等，对白酒贮存管理过程中的储存时间、储存方式等相关知识的学习和理解有帮助。

3. 掌握中国白酒的发展阶段，对日后的工作学习有帮助。

能力目标

1. 能够运用白酒发展相关知识，提高在工作中的综合运用能力。

2. 能够掌握白酒的全面知识，提升在工作中的创造力和创新力。

相关知识

一、中国白酒概况

中国白酒，是以粮食谷物为主要原料，利用天然微生物发酵制作出大曲、小曲、麸曲、酒母、糖化酶等为糖化发酵剂，经蒸煮、糖化、发酵、蒸馏、储存、勾调、检测、包装而制成的白酒。

中国白酒在我国可谓源远流长，酿酒、贮酒、藏酒历史已延续了几千年。中国白酒在工艺上比世界各国的蒸馏酒都复杂得多，原料各种各样，酒的特点也各异，特别是储存很多年的酒，酒体变化神秘。中国人千百年来流传下来的习俗就是珍惜酒，爱酒，贮藏酒，逢年过节、亲朋相聚、婚丧嫁娶、庆功祝寿等重大喜事，开坛畅饮，酒更是必不可少的，藏酒文化也成为中国特殊的一种文化。白酒已经是中国人生活中不可或缺的一部分。中国白酒是天然的、健康的，是利用天然微生物的重大发明，并经几千年的历史证明：适量饮酒有益健康。

二、白酒中的成分

白酒由水、乙醇和"微量香味成分"三个部分组成。对白酒的品质和定性，起着关键作用的实际是占白酒 1% ~2% 的微量成分，以及彼此之间的量比关系。经过 20 世纪 60 年代的科学研究，逐步从纸、板、柱色谱到运用气相色谱对白酒中的成分进行定性定量的剖析研究，酒中的香味成分有以下几类：

1. 醇类

醇类在白酒中占重要地位，它是醇甜和助香剂的主要物质来源，也是酯类物质的前体反应物。

2. 酯类

酯类为具有芳香、水果香的化合物，在各个香型白酒中起到主要作用，其各物质之间含量大小和量比关系，反映其白酒的典型风格。

3. 酸类

白酒中的酸都是有机酸，是形成口味的主要成分，也是生产酯的前体物质，适量的酸度，可增强味的爽快度、柔雅度、绵甜度。

4. 醛酮类

在白酒贮存过程中，醛酮类的缩和反应代表着白酒的老熟，也是构成白酒特殊香气的重要微量成分。

5. 其他类

比如芳香族类化合物、含氮化合物、呋喃化合物、含硫化合物、醚类、芳烃以及其他化合物。

酯类是香气的主体，酸类是味的主体，醇、醛属协调成分的范畴，是香和味的过渡桥梁，其中酸和醛又起主要的协调作用。

三、白酒的分类

（一）按香型分类

中国十二种香型白酒及其相互关系见图 0 - 1。

酱、浓、清、米香型是基本香型，它们独立地存在于各种白酒香型之中。其他八种香型是在这四种基本香型基础上，以一种、两种或两种以上的香型，在工艺的糅合下，形成了自身的独特工艺，衍生出来的香型。

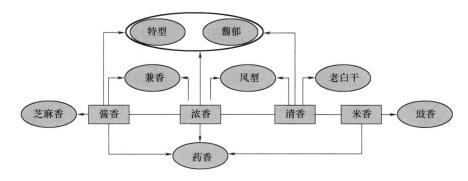

图 0-1 中国十二种香型白酒及其相互关系

（1）浓、酱结合衍生兼香型（酱中带浓，浓中带酱）。

（2）浓、清结合衍生凤型。

（3）浓、清、酱结合衍生特型或馥郁香型。

（4）以酱香为基础衍生芝麻香型。

（5）以米香为基础衍生豉香型。

（6）以浓、酱、米为基础衍生药香型。

（7）以清香为基础衍生老白干香型。

随着酿酒工艺技术和检测分析技术的进步，逐渐体现酒体风味特征的香味物质的定量定性结果，从而引发追溯到从原料到制曲、窖泥、糖化、发酵、蒸馏、贮存的质量控制点可能形成或者带来对酒体风格的影响。所以，中国白酒的衍生香型，不是来自于单纯的酒体勾兑设计，而是追溯于酿造过程的工艺环节借鉴和创新，从四大香型的酿造工艺开始相互融合借鉴，建立了现今的香型分类。

（二）按所用酒曲分类

（1）大曲酒　是以小麦、大麦，或者一定数量的豌豆自然发酵接种成为糖化发酵剂而生产的白酒。大曲又分为低温曲、中温曲、中偏高温曲、高温曲。一般是固态发酵，大曲所酿的酒，发酵周期长，口感更加醇厚，细腻，回味悠长，多数名优酒均以大曲酿成。

（2）小曲酒　采用的是以大米或者稻米的米糠粉碎成为细粉，传统配料加一定的中草药，或加白土为辅料，培养时间短，以根霉为主的小曲糖化发酵剂而生产的白酒。粮食采用整粒蒸煮，发酵时间短，产酒率高。

（3）麸曲酒　麸曲白酒是以高粱、薯干、玉米及高粱糠等含淀粉的物质为原料，采用纯种麸曲酒母代替大曲（砖曲）作糖化发酵剂所生产的蒸馏酒。发酵时间较短，由于生产成本较低，为多数酒厂所采用，此种类型的酒产量最大，以大众为消费对象。

（4）混曲法白酒　主要是大曲和小曲、麸曲混用所酿成的酒，比如芝麻香型白酒，就是以麸曲为主，高温曲、中温曲、强化菌曲混合使用。药香型白酒为大小曲分开使用，采用的是小曲发酵 7d 左右，大曲香醅分开发酵后串蒸，并在制曲配料中添加了多种中草药，酒中含有浓郁的酯类香气。

（5）其他糖化剂法白酒　这是以糖化酶为糖化剂，加酿酒活性干酵母（或生香酵母）发酵酿制而成的白酒。

四、白酒的发展历程

第一阶段，作坊酒阶段。当工业化还没有进入中国社会之前，传统的工艺手法与落后的生产能力，使酒的影响力只局限在十里八乡，口碑传播。即使有一日或因帝王钦点或因文人咏颂而声名远播，但作为商品的酒仍然只在当地狭小的范围内流通。处在这个阶段中的白酒，并无太大的差距，只是个别作坊的酒稍好而已。茅台可以说是在作坊酒时代就已成名天下的典型代表之一。

第二阶段，工业酒阶段。主要表现在计划经济时期。中国的白酒得以由作坊步入工厂，更多的是受到政治因素的催化。几个作坊合并，引入一些机器设备，简单的数量叠加。虽然在生产工艺、质量控制、生产能力上有了长足的进步，但是在经营思想上并没有得到质的飞跃。依旧是"酒香不怕巷子深"。许多在作坊酒时代还知道挂旗树幌的酒厂，在这个时期反而不必再为自己的酒的销售操心——计划包揽一切。产销这一对孪生兄弟被硬性分离，抓生产成为各个酒厂的工作重心。在这一阶段当中，茅台酒也无一例外地遵循着这条发展轨迹，产量提高了，工艺更严谨，又被"册封"为国酒，其品牌影响力如日中天。然而经营思想却在不知不觉中进一步僵化，逐渐形成了对日后产生深远影响的官商、坐商作风。

第三阶段，广告酒阶段。市场经济已初步建立，坐商式经营已无法生存，以鲁酒为代表，先找订单，再按单生产的经营方式成为主流。于是不惜血本，广告开路，用地毯式轰炸的办法，搅得市场天翻地覆，一旦在经销商和消费者心目当中做足了信心和形象，再拿来川酒、黔酒，用黄河水一兑，然后打遍全国。受到鲁酒"一夜奇迹"的刺激，中国的白酒业开始进入一个超常规发展的阶段，小酒厂遍地开花，新品牌层出不穷，广告大战，硝烟弥漫，市场上鱼龙混杂，泥沙俱下，供求严重失衡，广告酒的泡沫威力空前膨胀。此时，茅台不得不随波逐流，仓促应战，但与对手的迅猛扩张相比，仍然处于下风，茅台遭受了第一次冲击。

第四阶段，品牌酒阶段。广告酒的必然命运是成也广告，败也广告。当市场上一片喧嚣浮躁逐步冷却，消费者多了一份理智，少了一份盲从，尘埃落定之后，被广告吹胀的泡沫终于破碎，白酒王国里，"偶像派"最终不是"实力派"的对手。此刻，当许多酒厂还幻想着广告这柄利器尚有余威时，最先觉醒的五粮液、酒鬼、古井贡、孔府家等企业，重又溯本求源，在质量上下功夫，在品牌上下力气，纷纷树起品牌大旗，或走差异化道路，或走规模化道路，高举高打，成为中国白酒行业中"名牌战略"的先行者，并且通过品牌的扩张，迅速攫取山河一片。中国的白酒业步入"春秋战国"，五霸七雄，诸侯割据。而茅台在这一时期，依旧是我行我素，慢一拍，结果遭到第二次冲击，导致茅台有史以来的最大滑坡，前文提到的种种问题暴露无遗。

第五阶段，文化酒阶段。从本质上说，文化酒是品牌酒更高级的表现形态。我们常讲：名牌的背后是文化。在诸侯割据的品牌酒阶段当中，谁的个性化更强，谁的规模化更大，当然是决定谁处在优势地位的主要因素。然而，决定谁更具强势，更有后劲的核心因素是谁的品牌更具文化的内涵与文化的张力。消费者对品牌的认同就是对品牌当中蕴含的文化的接受，品牌的扩张就是品牌当中所蕴含的文化的传播。品牌只是消费者在大脑中留存的一个信息，而文化则是消费者体现其自身生活状态的一种不可或缺的组成部分。因此，从卖酒到卖文化是品牌酒向更高层次发展的必由之路。四川省内白酒的六朵金花，五粮液、泸州老窖、剑南春、沱牌舍得，全兴水井坊、郎酒在20世纪90年代初就有了塑造自己是文化酒的意识。如今，它们正在把文化的理念融入产品中。中国白酒业由品牌酒跨入文化酒的时代，文化酒的时代即将拉开帷幕。纵观中国白酒行业，具有优秀文化基因的名酒们，必定引领中国白酒产业携手掀起这个新时代。

（检查与评估）

一、任务实施原始记录表

项 目	学习记录
中国白酒成型发展概况	
所用酒曲和主要工艺分类	
酒体的微量成分分类	
香型分类以及各香型的关系	

二、思考与练习

1. 中国白酒分为哪四大基本香型？
2. 十二大香型白酒的关系是怎么衍生发展而来的？
3. 按糖化发酵剂分类的白酒采用的原料和发酵机理是什么？

项目一　新酒入库贮存前质量要求和等级划分

学习目标

知识目标

1. 掌握符合生产过程中质量要求的白酒生产关键环节。
2. 掌握酒糟分层蒸馏取酒、新酒的等级划分。
3. 掌握浓香型、酱香型白酒入库前并坛要求的相关知识。

能力目标

1. 能够辨析入库贮存的不合格产品。
2. 能发现生产中出现的酒质问题，对不合格产品生产过程进行改正或指导下一步正常生产。
3. 能掌握车间生产出的新酒的质量等级要求。

项目概述

白酒贮存的重要前提是按照企业的贮酒意图，生产出符合国家标准、行业标准、企业标准的原酒，不合格品一律不准入库。很多大中型白酒企业，新酒入库前建立了自己的生产工艺关键控制点，建立了自己的质量标准体系，在生产车间里面，就进行了一次原酒分等、分级。掌握车间生产的关键控制点，对白酒贮存中的验收和评定工作有巨大帮助，是企业建立食品安全、质量管理等追溯体系必不可少的。

（任务分析）

　　本任务是通过在获得原酒的生产过程中，对酒糟、层次、酒质进行系统化的归类，能掌握其酒体的感官变化。在生产和学习过程中，学生们能更加透彻地掌握浓香型白酒的生产理论知识和操作技能，进一步提高自身的技术水平，企业的酒库工作人员能更加细致地进行酒库系统化管理，能及早发现问题，解决问题。

（任务实施）

任务一　浓香型白酒原酒获得、入库前分类、等级划分

【步骤一】获得浓香型原酒的方法

一、工艺流程概述

　　浓香型白酒采用混蒸混烧，以固态泥窖为生产发酵设备，续糟配料，原料经过糖化发酵获得酒糟。酒醅经过蒸馏得到原酒，原酒分层定级。

　　浓香型白酒生产工艺流程见图1-1。

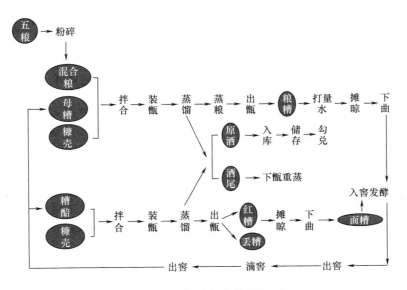

图1-1　浓香型白酒生产工艺流程

二、获得浓香型白酒步骤分解

1. 分层起糟

先起面糟，再起中层，最后起底糟。分层起糟，层次要分明，一边起糟一边把窖壁上残留的母糟清扫下来，不要伤及窖壁。起糟至母糟颜色明显变黄，水分明显增加时，即为黄水糟。把中层母糟收干净后，打黄水洞，要求至少两人协作，一个打扇，一个打黄水洞。黄水洞宽要求在 50cm 以上，底部宽度略小于上部，形成坡度，防止塌陷。

滴窖时间一般为两天，其间必须勤舀黄水；舀黄水必须要有两人以上协作，才能下窖舀黄水，滴窖一天以后的窖池，窖内黄水深度≤10cm。

起底糟前，必须打扇排出 CO_2，把黄水舀干净。起糟时吊斗必须放在窖池的一边，人在另一边起糟，窖壁上残留的母糟要一并清扫干净，不能伤到窖壁。每起满一斗时，吊斗边上的母糟要清理干净，保证安全、清洁的情况下才能起吊。

双轮底要单独起糟、单独堆放。双轮底必须隔排留，每口窖可以留 1~2甑，每甑加 4~5kg 曲药，拌和均匀后，均匀堆积在窖池的两端，在堆好的双轮底糟面上放一根竹片，作为双轮底与底糟的分隔线。

2. 拌和粮食、润粮、拌和辅料

（1）拌和粮食　先将母糟用扒梳拉开，厚度在 35cm 左右，将粮食均匀地撒在母糟上面。拌和粮食不能少于两人操作，用铁铲的人要低翻母糟，不高于20cm。用扒梳的人要将翻转的母糟拉成堆，反复操作至拌和均匀。成堆后，将散落的团团疙瘩打散（拌和一次处理一次团团疙瘩），收堆，拍紧，周边清扫干净，要求母糟中不能出现粮食团等混合不均匀的现象。最后撒上一层熟冷糠，熟冷糠的厚度以看不到糟子为准。

（2）润粮　根据出窖母糟的酸度、水分来决定润粮时间。出窖的酸度在4.0~4.5，水分在 60%~62%，以 1~1.5h 为好；出窖的酸度在 4.0 以下，水分在 60% 左右，润粮时间以 1.5~2h 为好；出窖的酸度在 2.8~3.5，水分在62%~63%，润粮时间以 3~5h 为好。

（3）拌糠　在上甑前 10min 拌和，拌和方式同拌粮。拌和时根据母糟状况评估糠用量的大小，酌情增减糠量。拌和时清扫疙瘩，拌和一次清扫一次。拌好后母糟不能贴紧甑桶，预留 20~30cm 的空隙。

3. 上甑蒸馏

（1）将前一甑的底锅水放完，用冷却水把甑桶内部冲洗干净，然后重新放底锅水。上甑前，甑内均匀撒半铲糠，上甑厚度 10cm 后，才开始供汽，汽压不得高于 0.05MPa；上甑要做到轻撒匀铺，探汽上甑，中低边高，呈锅底形，甑内不能起团、穿烟和塌汽，每层母糟厚度不能超过6cm，每铲母糟撒下去的厚度不能超过2cm，铁铲不能与甑体接触，上甑人员不能站在同一位置连续上满一甑，盖盘后5min内流酒，将没上完的糟子清扫干净。

（2）蒸馏的技术经验总结　蒸面糟（回糟）将蒸馏设备洗刷干净，黄水可倒入底锅与面糟一起蒸馏。蒸得的黄水丢糟酒，稀释到20% vol左右，泼回窖内重新发酵。可以抑制酒醅内生酸细菌的生长，有利于己酸菌的繁殖，达到以酒养窖的目的，并促进醇酸酯化，加强生香。

要分层回酒，控制入窖粮糟的酒度在2% vol以内。可在窖底和窖壁多喷酒些稀酒，以利于己酸菌产香。实践证明，回酒发酵还能驱除酒中窖底的泥腥味，使酒质更加纯正，尾子干净。一般经过回酒发酵，可使下一排的酒质明显提高，所以把此措施称之为"回酒升级"。不仅可以用黄水丢糟酒发酵，也可用较好的酒回酒发酵。

蒸面糟后的废糟，含淀粉在8%左右，一般作饲料，也可加入糖化发酵剂再发酵一次，把酒醅用于串香或直接蒸馏，生产普通酒。目前有些酒厂，将废糟进行再发酵，提高蛋白质含量，做成饲料，也有将酒糟除去稻壳，加入其他营养成分，做成配合饲料。蒸完面糟后，再蒸粮糟。要求均匀进汽、缓火蒸馏、低温流酒，使酒醅中5% vol左右的酒精成分浓缩到65%～72% vol。流酒开始，可单独接取0.5kg左右的酒头。酒头中含低沸点物质较多，香浓冲辣，可存放用来调香。以后流出的馏分，应分段接取，量质取酒，并分级贮存。

蒸馏时要控制流酒温度，一般应在25℃左右，不超过30℃。流酒温度过低，会让乙醛等低沸点杂质过多地进入酒内；流酒温度过高，酒精和香气成分的挥发损失增加。流酒时间15～20min，断花时应截取酒尾，待油花满面时则断尾，时间需30～35min。断尾后要加大火力蒸粮，以促进原料淀粉糊化并达到冲酸的目的。蒸粮总时间在70min左右，要求原料柔熟不腻，内无生心，外无粘连。

在蒸酒过程中，原料（包含发酵后的大曲）和酒糟的香味成分，都受到水蒸气的提取升华，达到曲香、糟香、窖香、粮香、果香等优雅的复合香。

蒸红糟，红糟即回糟，指母糟蒸酒后，只加大曲，不加原料，再次入窖发酵，成为下一排的面糟，这一操作称为蒸红糟。用来蒸红糟的酒醅在上甑时，要提前20min左右拌入稻壳，疏松酒醅，并根据酒醅湿度大小调整加糠数量。红糟蒸酒后，一般不打量水，只需扬冷加曲，拌匀入窖，成为下排的面糟。

4. 摘酒

技术参数如下所示：

（1）缓汽流酒、中汽蒸粮。

（2）熟粮标准：内无生心、糊化彻底、熟而不黏。

（3）酒头量：0.5kg 左右。

（4）蒸汽压力：流酒时≤0.03MPa，蒸粮时：0.03～0.05MPa。

（5）流酒速度：1～2.5kg/min。

（6）流酒温度：25～30℃。

（7）流酒至出甑时间：≥50min。

实际操作要求：

（1）开始流酒时，酒中低沸点和其他特殊物质多，适当摘去酒头，酒头可作他用。

（2）根据酒质优劣（质量）摘酒。

（3）流酒断"花"时，将酒尾用另一厄子接装，备下甑重蒸或作他用。

（4）酒厄子用摘酒帕（干净卫生）搭盖厄子口。

（5）将酒挑入酒库称量，按质并坛。

5. 酒花与酒质的关系

多年来，固态发酵法的白酒蒸馏一直通过看花摘酒来控制酒度的高低。在盛酒容器中剧烈摇动白酒时，或在酒醅蒸馏过程中用锡制的小杯盛接馏出液，当馏出液冲于小杯中时，在酒液表面会形成一层泡沫，俗称"酒花"。根据酒花的形状、大小及持续时间，可判断馏出液酒精度的高低。看花量度是基于各种不同浓度的酒精和水的混合溶液，在一定的压力和温度下，其表面张力不同的原理。因此，在摇动酒瓶或冲击酒液时，在溶液表面形成的泡沫的大小、持留时间也不同，以此便可近似地估计出酒液的酒精含量。

掐头去尾：掐头，在蒸馏初期，集积的主要成分是酯、醛和杂醇油，随着蒸馏时间的延长，酯、醛及杂醇油的含量随之降低，总酸的含量先低后高，甲醇在初馏酒及后馏酒的部分低，中馏酒部分高。通过气相色谱分析，以流酒断花后的馏出量占总量百分比计算，分别为：乙酸81.24%、己酸89.04%、丁酸90.11%、乳酸94.20%。绝大多数的酸组成分都在酒尾中，其中乙酸、丁酸、己酸及乳酸在中馏酒以后呈直线上升。去尾：浓香型酒需要在酒精含量65%时交库为宜，酒度低于65度以后，杂醇油、高级脂肪酸、高级脂肪酸合成的酯等杂味物质较多，所以，根据酒花判断，截取高度酒对增己酸乙酯降乳酸乙酯十分必要。控制冷却水的温度，应做到酒头略高，酒身较低，酒尾较高，这种操作方法称为"两高一低"。

【步骤二】根据酒糟层次取酒后分级

1. 酒糟分层

根据酒窖的上中下结构原理，把酒糟分为三层：底糟，指打黄水坑后，留在窖池里面滴窖 2d 左右的大约 4 甑酒糟。中层糟：指底糟上面至平窖以下40cm 左右的酒糟。上层糟，即中层糟上面至封窖泥的糟醅。面糟：紧挨封窖泥的那一甑酒糟。红糟、复糟、丢糟：发酵取酒后，不投入粮食再次入窖发酵后的酒糟。

2. 分级并坛

特级原酒：底糟（包含双轮底）酒的前段酒。入库验收后，经过挑选，能被选择为调味酒、带酒、高档次的成品酒，长期贮存的老酒使用。

优级原酒：底糟（包含双轮底）酒的中段酒＋中层糟的前段酒。入库验收后，经过挑选，能被选择为调味酒、中档酒的带酒，大众酒或者降为二级酒。

一级原酒：底糟（包含双轮底）酒的后段酒＋中层糟的中段酒＋上层糟的前段酒。入库验收后，经过挑选，能被定性为大众酒，用于中低档次酒的使用，用于高档次酒的搭酒使用。

二级原酒：部分底糟（包含双轮底）的细花酒＋中层糟后段酒＋上层糟的中后段酒＋面糟酒＋复糟酒＋丢糟酒。经过挑选，可以被定性为：大众酒，搭酒，低档次酒，也可以用于固液结合的串香酒、配制酒，质量要求高的厂家或者作为不合格品进行返回加工再次蒸馏处理。

任务二　酱香型白酒原酒获得、入库前分类、等级划分

【步骤一】工艺流程概述

酱香型白酒采用高温大曲作为糖化发酵剂，以石头窖为生产发酵设备，固态多轮次（8轮次）堆积后发酵获得酒糟；酒醅经过蒸馏得到原酒；原酒分层定级。

酱香型白酒简易生产工艺流程见图1-2。

【步骤二】获得酱香型白酒的操作

1. 场地要求

（1）生产场地、工具卫生要求：下沙前要求生产场地、生产设备、工用具等用90℃以上的热水进行消毒杀菌并清洗干净。

（2）酿造用水符合GB 5749 2006《生活饮用水卫生标准》。

（3）下沙每甑用原料1000～1200kg。

2. 润粮

（1）润粮水温92℃以上。

（2）每甑润粮用水按800～1000kg，水温92℃以上，均匀泼洒于粮堆中两人对拌，连续进行三次，粮食要翻拌彻底，然后团堆焖焐，再打焖粮水100kg。

（3）及时清扫润粮堆中流出的涩水。

（4）润粮时间4h后，可进行第二次润粮，用水600～800kg，润粮操作同第一次，堆积润粮时间为4h。

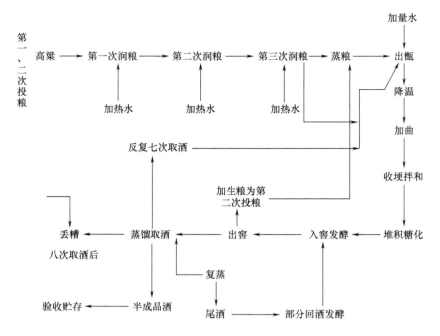

图 1 - 2　酱香型白酒简易生产工艺流程

（5）选择上批（末次）红糟醅作母糟，母糟用量为 2% ~ 5%，要求将糟醅切细，在上甑前 10min 加入已焖润合格的粮堆中，搅和均匀后即可上甑。

3. 装甑

（1）掺好底锅水，要求水必须浸没底锅汽管，垫好甑脚糟，安放好甑桶，并检查甑子是否关好，然后用熟（冷）稻壳垫好甑底，即可开汽装甑。

（2）装甑要求　轻、松、匀、平、探汽上甑，逐层添加，时限为 45min 左右，上满甑后，将甑内高粱理平在甑内中心及四周，撒上适量糠壳，汽匀盖盘，并掺足甑圈水，压汽蒸粮。

4. 蒸粮、取酒

蒸粮以蒸馏器来水开始计时，蒸粮时间 ≥3h，要求大汽焖蒸（汽压 0.1 ~ 0.2MPa）。蒸粮感官标准：皮薄厚心，疏松不糙，颗粒无硬心（无生心）。

取酒要求：

（1）流酒温度控制在 37℃ 左右，汽压控制在 0.01 ~ 0.02MPa，每甑摘取头酒 0.25 ~ 0.5kg，头酒摘取后，酒在糟醅中复蒸。

（2）底糟酒及各种特殊工艺酒糟醅要分开蒸馏，量质摘酒，按照行业、企业制定的要求进行交酒入库前的分类。

（3）每甑取酒后摘酒尾 40 ~ 80kg。

5. 出甑加量水，摊出降温

出甑至晾堂中，按原料的 1.5% 比例补充量水，水温为 90℃ 以上的量水均匀泼洒在粮醅中，铲拢，焖焗 10min，再摊开降温。将焖焗后的原料摊开后，然后打埂、破埂、翻埂，待温度降至 30 ~ 32℃ 时收埂、刨糟。

6. 插沙要求

（1）泡粮水量、水温及时间同下沙。

（2）熟糟醅与生粮配比为 1:（0.8 ~ 1.0）。

（3）上甑前将熟糟醅按配比数量配入已润好的粮堆中，搅和均匀后可开始上甑，上甑要求同下沙。

（4）蒸粮时间　以蒸馏器来水计算 3h，插沙蒸馏时有少量酒，摘酒以脱花为止。

（5）高粱糊化要求同下沙。

（6）晾堂操作及下曲拌和同下沙，插沙用曲量为原料的 9% ~ 11%；3 ~ 7 轮次生产（除不按下沙、插沙的润粮工艺进行操作外，其余工序都相同），在蒸馏时从上甑到出甑的时间在 150min 左右为好，这部分酒代表着这个生产车间的优质率，必须非常重视。

7. 加曲、拌和

（1）将兑好的低度酒水按量均匀洒在原料上，然后把曲药均匀铲入糟中，再将埂子两边原料铲盖曲药后，二人对拌三次，要求无糟坨。

（2）用低度酒水是原粮的 5% 左右（57% vol 的酒 1.5kg 加 50kg 水兑成低度酒水）。

（3）下沙用曲量为原料的 9% ~ 10%。

8. 堆积糊化

上堆温度控制在 25 ~ 30℃，地温高于 28℃ 可平地温，冬季起堆时温度可提高 2℃ 左右，原料堆积成圆形，起堆上堆要求轻、松、匀，一甑覆盖一甑，堆上滚下来的糟坨要搓散，要求疏松透气，糊化堆无糟坨。技术关键控制点：①下沙堆积糊化时间（丢堆至入池），一般在 24h 左右，分熟度，气候，松紧；②温度：一般在 46 ~ 52℃，也分熟度，气候，松紧；③感官质量：手感松散不糙，闻香：甜香，微酒味，伴有酸冲味；④理化检验：水分 37% 左右，酸度 0.3 以下，残糖在 0.1 以下。

【步骤三】 蒸馏出的新酱酒（原酒）进行入库前的分级分类

酱香型白酒的初期分类分级，就是要按不同生产日期、不同摘酒时间、不同蒸馏轮次、不同典型体、不同酒精浓度，分别装进不同的容器里面进行贮存陈酿。

按发酵轮次分：在每年的一个大生产周期中，分两次投粮，七次或八次取酒（部分酒企采用串香串蒸工艺取酒），而前三轮次酱酒，插沙酒、第一次酒和第二次酒的质量都特别差，以正丙醇为代表的高级醇的含量很高，不仅产生不愉快的味道，还容易引起饮后"上头"，利用价值不高。

酱香型白酒生产过程中香味物质的形成与趋势见图 1-3。

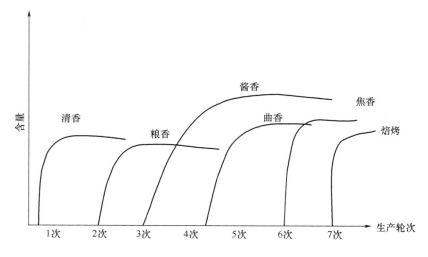

图 1-3　酱香型白酒生产过程中香味物质的形成与趋势

由图 1-3 可以看出，在生产过程中，从 1 次酒到 7 次酒，原酒的清香、粮香、酱香、曲香、焦香、焙烤香（即焦糊味）产生于酒体，从 3 次酒到 6 次酒为复合香最好，代表着质量最好。下面就根据每一轮次酒的特点，进行酱香原酒的入库分级要求。

一次酒：几乎无酱香，生沙味突出，类似清香型酒，入口刺激，不协调，酸、涩味重，腻口，一次酒的风格特征非常明显突出，质量容易分辨，其酒体的正丙醇含量非常高，可单独入库或者回蒸。

二次酒：微带酱香，生沙味较明显，醇和味甜，略有酸涩味，后味较短。正丙醇含量非常高，可单独入库或者回蒸，可以当作特殊调味酒单独贮存。

第三次、第四次、第五次、第六次酒的酱香型风格典型突出，具体如下：

三次酒：酱香较突出，有一定的复合香，略带粮香绵柔带甜，细腻味长。

四次酒：酱香突出，有复合香，酒体醇厚，幽雅细腻，回味悠长。

五次酒：酱香突出，有复合香，带曲香，酒体醇厚，幽雅细腻，回味悠长。

六次酒：酱香突出，有一定的复合香，带焦香，酒体醇厚，味长。

七次酒：酱香较突出，带焦糊香，味醇厚，欠爽净，欠协调，味较长，略有末次酒糟香。

每一轮次酒，为控制质量：新酒入库前的酒度要求：1、2、7、8 次≥57% vol，其他轮次≥55%vol。

（检查与评估）

一、任务实施原始记录表

香型	原酒获得数量	等级情况	口感情况	工艺认知过程中遇到的难题
浓香				
酱香				

二、考核评估

序号	考核项目	满分	考核标准	考核情况	得分
1	实习纪律	10	严格遵守实训实习纪律，服从辅导教师和相关人员的管理，无迟到、早退、旷课等现象，迟到一次扣3分，旷课一次扣10分，早退一次扣5分，着装不规范扣5分		
2	安全教育	10	熟悉白酒生产基地及酒厂的安全操作规程，认真落实安全教育，衣着、操作符合厂方规定，违反一次扣5分		
3	实训项目考核	50	每个单项目进行考核，每个人以成功完成浓香型和酱香型的原酒相关实验项目得满分，否则扣5～50分		
4	现场提问	30	对本任务涉及的浓香型和酱香型理论知识进行提问考核，回答基本正确扣1～25分，回答错误不得分		

三、思考与练习

1. 浓香型、酱香型白酒的工艺特点分别是什么？
2. 入库前的分级要求是什么？
3. 每一等级的感官特征是什么？

项目二　白酒老熟技术

知识目标

1. 掌握老熟的定义。
2. 掌握影响白酒贮存老熟的因素。
3. 掌握贮存过程中新酒发生的主要变化和作用。
4. 掌握浓香型白酒、酱香型白酒、清香型白酒贮存中的感官质量特征。
5. 掌握人工老熟的定义及方法。
6. 掌握人工老熟（陈化）的机理。
7. 了解白酒的贮存时间和注意事项。

能力目标

1. 能够进行人工催陈。
2. 能利用白酒老熟初步设计人工催陈的方案。

项目概述

发酵酒醅经蒸馏得到的白酒，口感并不好，需要经过一段时间的贮存，燥辣味减弱，刺激性变小，香味显得协调柔和，白酒的品质明显提高，称为白酒老熟，这是酿酒生产的重要工序。国家对名优白酒有贮存期规定，著名白酒为三年，优质白酒为一年。白酒的老熟分为自然老熟和人工老熟。白酒老熟机理普遍的解释主要有两种作用：化学作用和物理作用。人工老熟技术就是人为采用物理或化学的方法，加快酒的老熟，以缩短酒的贮存期，提高酒厂效益。

任务分析

本任务通过进行自然老熟和人工老熟操作，对比白酒的感官变化，熟练掌握自然老熟和人工老熟的理论知识和操作技能，加快白酒的老熟，以缩短酒的贮存期，提高酒厂效益。

任务实施

任务一 白酒自然老熟

【步骤一】学习白酒自然老熟的相关知识

1. 原酒与基酒

原酒：原度酒的简称。已发酵的酒醅经蒸馏得到的临时入库暂存待定级的半成品酒，经糖化发酵蒸馏后得到，即将入库陈酿的半成品酒。它是具各种感官特征的个性酒、多面孔酒。

基酒：基础酒的简称。已定级分类的需较长时间库内陈酿的半成品酒。原酒经定级、分类后，将进行组合入库陈酿，库房陈酿的原酒即为基酒。它是具有某种感官特征（同一级别）的酒（一类酒）。

酒基：指某个酒的基础（质量水平），如酒的基础高低或好与不好。

新酒：发酵酒醅经蒸馏得到的临时入库暂存待定级的半成品原酒。

陈酒：新酒经过陈酿老熟，"新酒味"完全消除了的酒即为陈酒。

特点是香气正、无明显异杂香，刺激感和辛辣感会明显降低，味柔和、谐调或醇和或醇甜，无严重邪杂味。

品尝陈酒时，陈香、入口绵软是白酒陈酿老熟后的重要标志。

有资料介绍：陈酒是具有明显特点的原酒经过3年以上陈酿的酒，也称为"老陈酒"。

2. 原酒、新酒、陈酒与基酒的关系

原酒肯定是新酒，新酒可以是原酒也可以是基酒；基酒可以是新酒也可以是陈酒，陈酒肯定是基酒。原酒（新酒）经过定级分类入库，陈酿后成为基酒；原酒（新酒）经过长期陈放老熟成为陈酒（基酒）。

3. 原酒与基酒的区别

原酒：刚蒸馏出来、由酿酒班组工人完成摘酒、临时入库、暂时陈酿（贮存）、待定级酒。

基酒：已入库满坛、由专业尝评人员品评定级分类、组合、长期陈酿或待（组合）录用。

4. 原酒需要贮存的原因

因为新生产的原酒中各种成分未达到平衡融合状态，同时，还含有大量的硫化氢、乙醛等易挥发性物质，使酒口味冲、燥辣、不醇和。

经过一定时间的贮存，通过挥发和缔合作用的物理变化，以及氧化还原反应、酯化反应和缩合反应等一系列化学反应，可使酒中刺激性强的成分发生挥发、缔合、氧化、酯化、缩合等变化，同时生成香味物质和助香物质，使酒达到醇和、香浓、味净等要求。

从酿酒车间刚出产的酒多呈燥辣、辛辣味，不醇厚柔和，通常称为"新酒味"，但经过一段时间的贮存后，酒的燥辣味明显减少，酒味柔和，香味增加，酒体变得协调，这个过程一般称为老熟，又称为陈酿过程。

5. 白酒自然老熟的影响因素

贮存老熟是提高白酒质量的重要技术措施，也是白酒生产工艺中重要的工序。影响白酒贮存老熟的因素有物理因素（外）和化学因素（内）。

（1）物理因素　光、热（温度）和空气（溶解氧）等，均有一定的影响和作用。

（2）化学因素　乙醇和水通过氢键缔合成大分子，使酒柔和，达到稳定、平衡状态。通过氧化、酯化和还原等反应作用，醇氧化成醛，醛氧化成酸，酸和醇酯化成酯，醇与醛缩合生成缩醛，贮存可达到新的平衡。

（3）白酒老熟还与金属离子的种类、多少和酸度的大小（pH 的高低）有关。如铁、铜、锰等金属离子对酒老熟有影响；pH 低，酯化反应易于进行。

6. 白酒贮存中的变化和作用　（详见项目二的任务二）

（1）分子之间的缔合作用　在白酒的贮存过程中，水分子和酒分子的缔合作用是很明显的，水分子和酒分子日趋排列整齐，构成了较大的缔合分子群，使酒分子受到束缚，活度减小，从而增加了酒的绵甜柔和感。

（2）缩合作用　有些香味物质通过与酒的缩合，改变了它原来的性质，这同时促进了酒的老熟。

（3）氧化作用　经过氧化作用可以去掉酒中的杂味，增加酒的香味物质，对酒的老熟起到一定的作用。

（4）酯化作用　酒中含有很多的香味成分，通过仪器检测，浓香型酒中含有 800 多种香味成分，酱香型酒中含有 1000 多种香味成分，其主要的香味物质是酸、醇、酯类，酸类和醇类反应生成酯类，这个反应是十分缓慢的，所以必须通过一定时间的贮存才能完成。

（5）低沸点物质的挥发　醛类、硫化氢等低沸点、怪、杂气味物质，是形成酒的辛、辣、冲口感的主要原因。在贮存过程中，这些物质随着时间的延长，逐渐挥发减少，酒也就变得柔和绵甜。

总之，贮存老熟可除去酒中低沸点的醛类、硫化物等易挥发性、刺激性物质，减少酒的邪杂味，增加香气；可增加乙醇与水分子的缔合作用，使酒变得绵柔，增进爽口；促进氧化、酯化和还原等反应，增加有机酸和酯类等，酒香气浓郁，口味醇厚。

虽说酒是陈的香，但是白酒老熟有限度，不是所有的酒，经过贮存就会变好，更不是所有的酒都是越陈越好，如老熟过头，其质量和风味也不一定好。贮存老熟要科学合理，一般掌握在 1～3 年。

【步骤二】拓展阅读

案例1　探究不同香型白酒自然老熟与贮存时间的关系

在酒类生产中，不论是酿造酒或蒸馏酒，都将发酵过程结束，微生物作用基本消失以后的阶段称为老熟。老熟有个前提，就是在生产上必须把酒做好，次酒即使经长期贮存，也不会变好。对于陈酿也应有个限度，并不是所有的酒都是越陈越好。酒型不同，以及不同的容器、容量、室温，酒的贮存期也应有所不同，而不能孤立地以时间为标准。夏季酒库温度高，冬季温度低，酒的老熟速度有着极大的差别。为了使酒有一定的贮存时间，适当地增加酒库及容器的投资是必要的。应该在保证质量的前提下，确定合理的贮存期。有人曾将不同香型名优白酒贮存在相同的传统陶坛中，利用核磁共振设备，测定白酒氢键的缔合作用，称为缔合度；同时还进行了白酒的一般常规分析，测定氧化还原电位和溶解氧等变化。但尚不能说明酒质的好坏和老熟的机理，还应以感官尝评鉴定为主要依据，并结合仪器分析，才可了解贮存过程中白酒风味变化的特征，以便提供酒厂决定每种香型白酒老熟最佳时间的依据。

（1）浓香型白酒　选用新酒 92.5kg，贮存于 100kg 传统陶坛中，其感官变化的评语见表 2-1。

表 2-1　浓香型白酒贮存中的感官评语

贮存期/月	感官评语
0	浓香稍冲，有新酒气味，糙辣微涩，后味短
1	闻香较小，味甜尾净，糙辣微涩，后味短
2	未尝评
3	浓香，进口醇和，糙辣味甜，后味带苦涩

续表

贮存期/月	感官评语
4	浓香，入口甜，有辣味，稍苦涩，后味短
5	浓香，味绵甜，稍有辣味，稍苦涩，后味短
6	浓香，味绵甜，微苦涩，后味短，欠爽，有回味
7	浓香，味绵甜，微苦涩，后味欠爽，有回味
8	浓香，味绵甜，回味较长，稍有刺舌感
9	芳香浓郁，绵甜较醇厚，回味较长，后味较爽净
10	芳香浓郁，绵甜醇厚，喷香爽净，酒体较丰满，有老酒风味

（2）酱香型白酒　取第4轮原酒75kg，贮存于100kg传统陶坛中，其感官变化的评语列入表2-2中。

表2-2　酱香型酒贮存中的感官评语

贮存期/月	感官评语
0	闻有酱香，醇和味甜，有焦味，后味稍苦涩
1	微有酱香，醇和味甜，有糙辣感，后味稍苦涩
2	微有酱香，醇和味甜，带新酒味，后味稍苦涩
3	酱香较明显，绵柔带甜，尚欠协调，后味稍苦涩
4	酱香较明显，绵柔带甜，尚欠协调，后味稍苦涩
5	未尝评
6	酱香明显，绵甜，稍有辣感，后味稍苦涩
7	酱香明显，醇和绵甜，后味微苦涩
8	酱香明显，绵甜较醇厚，后味微苦涩
9	酱香明显，绵甜较醇厚，有回味，微苦涩，稍有老酒风味
10	酱香突出，香气幽雅，绵甜较醇厚，回味较长，后味带苦涩

（3）清香型白酒　取新产汾酒，贮存于100kg传统陶坛中，其感官变化的评语列入表2-3中。

表2-3　汾酒贮存中的感官评语

贮存期/月	感官评语
0	清香，糟香味突出，辛辣，苦涩，后味短
1	清香带糟气味，微冲鼻，糙辣苦涩，后味短

续表

贮存期/月	感 官 评 语
2	清香带糟气味，入口带甜，微糙辣，后味苦涩
3	清香微有糟气味，入口带甜，微糙辣，后味苦涩
4	清香微有糟气味，味较绵甜，后味带苦涩
5	清香，绵甜较爽净，微有苦涩
6	清香，绵甜较爽净，稍苦涩，有余香
7	清香较纯正，绵甜爽净，后味稍辣，微带苦涩
8	清香较纯正，绵甜爽净，后味稍辣，有苦涩感
9	清香纯正，绵甜爽净，后味长，有余香，具有老酒风味
10	清香纯正，绵甜爽净，后味长，有余香

从上述尝评结果可以看出，浓香型和清香型白酒，在贮存初期，新酒气味突出，具有明显的糙辣感等不愉快感。但贮存 5～6 个月之后，其风味逐渐转变。贮存至 1 年左右，已较为理想。而酱香型白酒，贮存期需在 9 个月以上才稍有老酒风味，说明酱香型白酒的贮存期应比其他香型白酒长，通常要求在 3 年以上较好。

在常规理化分析方面，除测定一般的酒精含量、总酸、总酯和高级醇等成分外，还测定 pH 和导电率等。总的可以看出，上述 3 种香型的酒在贮存过程中的分析数据有增有减，变化不大明显。因此，常规理化分析结果尚不足以用作控制产品质量的依据。但可以看出，清香型和浓香型白酒在贮存 5～6 个月后，酱香型白酒在贮存 9 个月后，它们的理化分析数据趋于稳定，这与尝评结果基本上是吻合的。其中酱香型白酒，贮存期越长，香味越好。

另外，还利用核磁共振技术，测定了上述 3 种不同香型白酒中酒精与水分子的缔合度，发现在贮存的头 3～4 个月，它们的缔合过程已达到平衡。贮存期再延长时，变化不明显，这与白酒中多种有机酸对氢键缔合作用的影响有关。因此，氢键的缔合作用，不能作为控制白酒老熟程度的主要指标。

新产酱香型白酒贮存 1 年后，将不同轮次和香型的酒并坛，再继续贮存。酱香型白酒入库时的酒精浓度较低，大多在 55% 左右，化学反应缓慢，需要长时间贮存。浓香型白酒入库时的酒精浓度较高。一般酒精浓度高，正是化学反应的一个有利条件。因此，浓香型白酒的贮存期就不需要像酱香型白酒那样长。

案例 2　白酒贮存时间和金属元素的关系

1977 年五粮液酒厂的刘沛龙等首先报道了白酒中金属元素的测定结果及其

与酒质的关系。对白酒中金属元素的含量、来源、在白酒老熟过程中的作用及其与酒质的关系进行了论述。不同贮存期白酒中金属含量见表2-4和表2-5。

表2-4　贮存10年、20年白酒中金属元素的含量　　　单位：μg/L

试样	A 酒样				B 酒样	
酒精含量/%vol	52		39	29	52	
酒龄/年	20	10	10	10	20	10
K	3470	2280	660	420	2310	2350
Ca	4360	890	10010	11920	4330	2180
Mg	3490	690	6440	7350	2300	860
Cd	9.1	4.44	5.52	8.23	2.04	4.65
Fe	162.2	101.7	203.1	196.2	136.8	104.6
Pb	28.41	23.29	40.22	26.97	12.42	7.3
Cu	39.87	13.05	34.9	39.02	10.34	8.57
Mn	29.57	20.14	31.74	33.85	20.7	25.54
Al	660	470	140	120	1260	770
Ni	3.1	1.58	4.62	3.52	2.08	1.76
Cr	3.08	0.71	3.49	2.37	4.29	3.31
Na	15260	34750	10490	8140	8840	29000

从表2-4可见，这些盛于酒瓶中的酒样，除Na以外，其他金属元素的含量随存放时间的延长而增加。因此，所增加的金属元素，是由酒瓶材质溶入酒中的。在10年贮存期不同酒度（酒精含量）的A酒中，金属元素Ca、Mg、Cd、Cu、Mn随酒精度降低而增加，K、Al、Na随酒精度降低而降低，Fe、Pb、Ni、Cr在酒精含量为39%vol的酒中最高。这与加浆用水及随贮存期增加酒中酯的水解导致有机酸增加，使酒瓶材质中的金属溶出量增多有关。

表2-5　贮存30、40年老酒中金属元素的含量　　　单位：μg/L

酒龄	K	Ca	Mg	Cd	Fe	Pb	Cu	Mn	Al	Ni	Cr	Na
40年老酒	7810	5440	4520	0.58	1045.01	86.6	367.46	48.44	42040	7.77	4.14	8470
30年老酒	4190	2960	1280	0.22	961.1	49.79	32.21	35.51	5220	5.24	7.48	6330

注：表中所列数据为40年老酒8个，30年老酒2个的平均值。

由表2-5的测定结果反映出，贮存30年及40年的老酒中，金属元素含量要比10年及20年酒中多得多。尤其是Fe、Cu、Al。这些酒均在贮酒容器中存放了 20 年，故增加的金属元素与贮酒容器有关。一般酒中 Fe 含量越高，酒色越黄。酒中铁含量最多不能超过 2mg/L，否则将出现沉淀。酒的黄色除与铁含量有关外，还与白酒中的某些有机成分有关。经液相色谱分析，已发现有 4 种有机物可使酒产生黄色。

酒的贮存时间越长，酒精损失越多，酸度越高，以致使盛酒容器中的金属元素溶入酒中越多。一般盛酒容器中的金属元素以氧化物形式存在，溶解于酒中仍不及酸的增长，因此酒的 pH 随贮存时间的延长而缓慢降低。

任务二　白酒人工老熟

【步骤一】学习原酒人工老熟的相关知识

我国地域辽阔，各地白酒生产工艺不尽一致，对目前各类白酒生产工艺及产品风格进行归类，已有四大香型 12 个类别。根据对白酒老熟研究的现有结果，可以说清香型、浓香型、酱香型白酒在贮存过程中，含量多的低级脂肪酸乙酯及乳酸乙酯发生水解作用生成相应的酸和酒精，而不是以往推测的酯化反应。但是也不能完全排斥有的微量成分可能存在酯化作用。例如豉香型白酒，当蒸馏得到的斋酒（即酒精含量 32% 的白酒）在浸泡肥肉过程中，随着脂肪的氧化降解所产生的二元酸，与酒精结合而形成庚二酸二乙酯、辛二酸二乙酯、壬二酸二乙酯等特征性成分，成为豉香典型性组分之一。但当瓶装酒出厂后，若其乳酸乙酯含量过高，随着货架期的增长，又会呈现水解作用而使酒的口味变酸，影响质量。

1. 白酒贮存过程中的变化

（1）物理变化　主要是醇 - 水分子间氢键的缔合作用。赤星亮一等人研究贮存年数不同的蒸馏酒的电导率变化，发现电导率随贮存年数增加而下降。认为这是由于分子间氢键缔合作用生成了缔合基团，质子交换作用减少，降低了酒精的自由分子，从而减少了刺激性，使味道变醇和了。白酒中组分含量最多的是酒精和水，占总量的 98% 左右。它们之间发生的缔合作用，对感官刺激的变化是十分重要的。但随着人们对白酒老熟作用研究的深入，又提出了一些见解。王夺元等应用高分辨率核磁共振技术，在白酒模型体系研究的基础上，通过直接测定由氢键缔合作用引起的化学位移变化，由质子间交换作用引起的半高峰宽变化及缔合度来评价白酒体系中的氢键缔合作用。在对汾酒的研究中，认为酒体中氢键缔合作用广泛存在，并对酒度有明显依赖性；其次氢键的缔合过程在一定条件下是一个平衡过程，当平衡时，化学位移及峰形均保持不变，这表明物理老熟已到终点。试验中观察到，酒精体积分数为 65% 的酒精体系，在没有酸、碱杂质时，贮存 20 个月后，测定其氢键缔合体系已达到了平衡。但白酒中除酒精和水两种主要成分外，还含有数量众多的酸、酯、醇、醛、酮等香气成分。它们将会对白酒体系的缔合平衡产生影响，如微量的酸可使缔合平衡更快达到。实测了若干种含酸新蒸馏出白酒的 ^1H 核磁波谱，发现其化学位移、半高峰宽及缔合度已接近模型白酒体系的缔合平衡状态。这说明实际上白酒中各缔合成分间形成的缔合体作用强烈，并显示促进缔合平衡的建立无须通过长期的贮存，只要引入适量的酸就可大大缩短缔合平衡过程。在测定贮存 5 个月及 10 年的汾酒时，它们的化学位移值没有差别，即缔合早已平衡，但口感却差别很大。因此，氢键缔合平衡不是白酒品质改善的主要因素，不是白酒老熟过程中的控制指标。结合白酒化学分析测定，可认为老熟过程中品质变化的决定因素是化学变化。其描述的贮存过程是：蒸馏酒醅得到的新酒，所含有的酸成分可促使醇－水氢缔合很快达到缔合平衡；随着贮存期的延长，主要是发生化学反应，并使香气成分增加。这个过程较缓慢。其间还存在酯水解生成酸和醇，直至平衡建立而达终点。生成的酯或酸均可参与醇－水缔合作用，形成一个较稳定的缔合体，从而使酒体口感醇和，香气浓郁。

从食品化学看，任何食物的香气和味并非单一化学组分刺激所造成，而是与存在于食物中众多的组成分的化学分子结构组成、种类、数量及其相互缔合形式有关。白酒的风味也就是酒体中各种化学组分在缔合平衡分配过程中综合作用于人们感官的结果。

①氢键缔合：酒精分子和水分子氢键缔合，形成酒精和水的缔合物。当水加入酒精时，其体积缩小并放出热量。如用无水酒精 53.94mL 和水 49.83mL 混合时，由于分子间的缔合作用，其体积不是 103.77mL，而是 100mL，这表现出最大的收缩度，这就是由于分子间的缔合力，使分子排列更加紧密。

②大分子形成：缔合形成大分子结合群，减少对味觉和嗅觉器官的刺激，酒变得柔和。饮酒时，白酒中自由分子越多，对味觉和嗅觉的刺激性就越大。随着白酒贮存时间的延长，酒精与水分子通过缔合作用形成大分子结合群，这样自由酒精分子的数量就会减少，因此缩小了对味觉和嗅觉器官的刺激作用，饮酒时就感到柔和，这就是白酒在贮存过程中所发生物理变化的缘故。

③挥发作用：硫化氢、硫醇、硫醚、游离氨、烯醛等易挥发性臭味和刺激性物质挥发，香味谐调，风味改进，刺激性和辛辣味减少，芳香渐浓、口味柔和、绵甜甘爽、后味增长，老熟陈酿。

（2）化学变化　白酒贮存过程中，主要是酒体中呈香、呈味化合物的变化，发生的化学变化主要有氧化还原、酯化、水解、缩合等。其中酸类、醛类、醇类、酯类的相互转变关系见图 2－1。

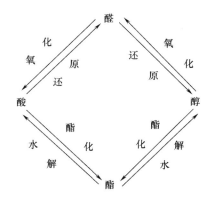

图2-1 酸类、醛类、醇类、酯类的相互转变关系

醇经氧化成醛：$RCHOH \longrightarrow RCHO + H_2O$

醛经氧化成酸：$RCHO \longrightarrow RCOOH$

醇酸酯化成酯：$RCOOH + R'OH \longrightarrow RCOOR'$

醇醛生成缩醛：$2R'OH + RCHO \longrightarrow RCH(OR')_2 + H_2O$

贮存期间，各种醛部分氧化为酸，酸再与醇在一定条件下进行酯化反应生成酯，使酒中的醇、醛、酯、酸等成分达到新的平衡。

例如，酒精一部分被氧化成乙醛，其中一部分进一步氧化成乙酸，这些乙酸再与酒精作用生成乙酸乙酯。酯类具有愉快的水果香味，可以改进白酒质量和风味，它是白酒中的主体成分，对于白酒的质量有着举足轻重的作用。新酒的辛辣味，以醛类和高级醇为主体，经过一定时间的贮存，醛与醇缩合，则减辣增香。乙醛为羰基化合物中最多的成分，主要由酒母发酵生成，有特殊的刺激味，蒸酒时集中在酒头，难以完全分离。但乙醛易与水结合生成水合物，再和醇生成缩醛，形成柔和的香味。以下为浓香型和酱香型白酒四大酯类和酸类物质的比例关系。

浓香型　　　己酸乙酯 ＞ 乳酸乙酯 ＞ 乙酸乙酯 ＞ 丁酸乙酯

比例　　　　　1　 ：（0.6~0.7）：（0.5~0.6）： 0.1

　　　　　　　乙酸 ＞ 己酸 ＞乳酸 ＞ 丁酸

　　　　（1.1~1.6）： 1： （0.5~1）： （0.5~1）

酱香型：　　乙酸乙酯＞乳酸乙酯＞己酸乙酯＞丁酸乙酯

比例　　　　　1　 ： 0.95 ： 0.3 ： 0.2

　　　　　　　乙酸 ＞ 乳酸 ＞ 丁酸 ＞ 己酸

　　　　　　　1 ： 0.95 ： 0.2 ： 0.18

贮存过程中酒体成分变化规律（即相同贮存期内理化指标的变化）如下：

①总酸：随酒度的降低而增高，增高幅度为：低度酒＞降度酒＞高度酒。

②总酯：随酒度的降低而降低，降低幅度为：低度酒＞降度酒＞高度酒，变化最大的是低沸点酯类，减少较多。

③白酒的酒精含量变化通常是略有降低，但总体变化不明显。

④乙醛含量变化是降低的，而乙缩醛含量是升高的。

贮存过程中酒体感官变化规律：

①低度酒：闻香明显不足，典型性变差；口感酸味较重、味杂，水味重，不协调。

②降度酒：闻香不足，典型性较差；香味欠协调。

③高度酒：闻香明显或突出，香味绵柔协调。

此外还有一些其他变化，如硫化物、含氮化合物的氧化等反应，改变了酒体的不愉快味。

2. 白酒的人工老熟

自然老熟的白酒贮存期长，需占用大量的贮存容器，影响资金周转。人工老熟就是人为地采用物理或化学的方法，加快酒的老熟，以缩短酒的贮存期。

（1）人工老熟　所谓人工老熟，就是人为地采用物理或化学方法，促进酒的老熟，以缩短贮存时间。

原理：水和酒精是白酒的主要成分。水的分子是由 H—O—H 构成的，因此它具有分子间由氢键缔合而形成的基团。同时，酒精分子也带有—OH，同样可以形成缔合分子。如果水和酒精共存，就会形成二者的缔合群，这种变化成年累月地进行，使它们的物理性质发生变化。同时，酒在放置过程中，有的成分增加，有的成分减少，有的不变，因此，与新酒相比，老酒中微量成分间的比例关系发生了变化，同时发生了化学变化，自然感官上也就有很大的区别。人工老熟就是加速这种变化。

（2）人工老熟方法　名白酒或优质酒的贮存期长，这样就占用大量的贮存容器和库房，影响生产资金的周转。为了缩短贮存期，人们进行了大量的新酒人工老熟的试验，其中包括微波、高频电场、磁场、γ 射线等处理。下面分别做简要介绍。

①氧化处理：其目的是促进氧化作用。在室温下，将装在氧气瓶中的工业用氧直接通入酒内，密闭存放 3～6d。品尝结果是经处理的酒较柔和，但香味淡薄。

②紫外线处理：紫外线是波长小于 $0.4\mu m$ 的光波，具有较高的化学能量。在紫外线作用下，可产生少量的初生态氧，促进一些成分的氧化过程。某酒厂曾经用 $0.2537\mu m$ 紫外线对酒直接照射，初步认为以 16℃ 处理 5min 效果较好。随着处理温度的升高，照射时间的延长，变化越大。处理 20min 后，会出现过分氧化的异味。说明紫外线对酒内微量成分的氧化过程，有一定的促进作用。

③超声波处理：在超声波的高频振荡下，强有力地增加了酒中各种反应的概率，还可能具有改变酒中分子结构的作用。某酒厂使用频率为 14.7kHz、功率为 200W 的超声波发生器，在 −20～10℃ 的各种温度下分别处理，处理时间为 11～42h。处理后的酒香甜味都有增加，味醇正，总酯有所提高，认为有一定的效果。但若处理时间过长，则酒味苦；处理时间过短，则效果甚微。

④磁化处理：酒中的极性分子在强磁场的作用下，极性键能减弱，而且分子定向排列，使各种分子运动易于进行。同时，酒在强磁场作用下，可产生微量的过氧化氢。过氧化氢在微量的金属离子存在下，可分解出氧原子，促使酒中的氧化作用。某酒厂选择了 3 种磁场强度，对酒样分别处理 1、2、3d，认为处理后酒的感官质量比原酒略有提高，醇和，杂味减少。

⑤微波处理：微波是指波长为 1m 至 1mm，或频率为 300MHz 至 300GHz 范围内的电磁波。由于微波的波长与无线电波相比更为微小，所以称为微波。微波之所以能促进酒的老熟，是因为它是一种高频振荡，而把这种高频振荡的能量施加于酒上，酒也不得不做出与微波频率一样的分子运动，由于这种高速度的运动改变了酒精水溶液及酒分子的排列，因此能促进酒的物理性能上的老熟，使酒显得绵软。这种冲击波的微波介电加热法，破坏了酒精溶液中的各种缔合分子群，在某瞬间将部分的酒精分子及水分子切成单独分子，然后再促进其结合成安定的缔合分子群。同时，由于分子的高速运动，产生大量的热量，酒温急剧上升，从而使酒的酯化反应加速，总酯含量上升，酒的香味增加。所以，微波处理不但能促进酒的物理变化，而且也能促进酒的化学变化。

⑥激光处理：这是借助激光辐射场的光子的高能量，对物质分子中的某些化学键发生有力的撞击，致使这些化学键出现断裂或部分断裂，某些大分子团或被"撕成"小分子，或成为活化络合物，自行络合成新的分子。利用激光的特性就能在常温下为酒精与水的相互渗透提供活化能，使水分子不断解体成游离氢氧根，同酒精分子亲和，完成渗透过程。有人曾用激光对酒做不同能量、不同时间的处理。结果认为经处理后的酒变得醇和，杂味减少，新酒味也减少，相当于经过一段时间贮存的白酒。

⑦^{60}Crγ 射线处理：使用高能量的 γ 射线，使葡萄酒和白兰地人工老熟，早在 20 世纪 50 年代国外已有研究，近年来此项技术得到了发展。采用 ^{60}Crγ 射线处理酒时，因其能量大，故可用密闭的容器或采用连续流动的方法。处理后的白酒异香大，但酒中主要微量成分无甚变化。

⑧加土陶片（瓦片）催熟实践表明：用土陶（瓦罐、瓦坛）贮存白酒的催熟效果最佳。其理由为：a. 土陶有很多微孔，这些微孔不漏酒，但可以穿透空气，可加速酒的氧化作用；这些微孔还可留存微量的经过贮存后的老酒，这些老酒可以促进催化作用，加速新酒的物理和化学变化。b. 土陶中含有一定量

的金属元素，如 Na、Ca、K、Mg、Fe、Cu、Cr、Zn 等，这些元素可以促进新酒的物理、化学变化，加快酒的老熟。最新的研究试验表明酒中含有 1mg/L 左右的 K、Cu，有利于提高酒的口感，使酒醇厚，醇甜感增加，去新酒气。根据这些原理，在不是土陶容器的其他大容器内加入土陶片或瓦坛片，可以加速新酒老熟，起到了瓦坛贮存的作用。

⑨加热催熟：加热可增快酒的物理、化学变化，促进酒的老熟。试验表明，在 40℃ 左右的温度贮存 6 个月，相当于 20～30℃ 温度内贮存 2～3 年的水平。所以，现在有些企业不把酒贮存在室内或洞内，而把新酒贮存在室外，酒温随着自然气候的变化而变化，这样贮存 1 年相当于贮存 3 年。但这种办法损耗偏大，且要加强管理。

综上所述，同一试验方法，试样不同，效果各异。一般说来，随着原酒质量的提高，人工催熟的效果就降低，也即是质量越差的新酒，经人工催熟后，质量就有所提高，质量好的酒，效果就差些。总之，迄今为止，对新酒的人工催熟尚无一种切实可行的方法，还有待于进一步深入研究与探索。

3. 人工老熟缺陷

（1）产生新物质 产生非传统白酒中原有的成分，改变其味感，影响酒的质量。

（2）返生现象 催陈熟化效果不能稳定持久，易发生已聚合、缔合成分又解聚和分解，重新恢复新酒的辣燥特征，导致回生现象严重。

【步骤二】拓展阅读

案例 1 四川宜宾五粮液酒厂关于白酒贮存中变化的研究

该研究收集分析了 1972—1992 年出厂的五粮液酒 35 个试样。

（1）新、老酒微量成分差异很大 在老酒中发现的二乙氧基甲烷组成分，一般贮存期在 5 年内的酒中无此成分。随着酒龄的增长，它的含量逐渐增加。如酒龄为 5～10 年的酒，其含量为 0.1～0.6mg/L；10～15 年的酒，其含量为 0.5～4.2mg/L；15～20 年的酒，其含量为 3.0～7.0mg/L。故二乙氧基甲烷的含量与酒龄成正比关系。这一成分的来源，推测可能是甲醛与酒精的缩合反应产物或是某高沸点物质的分解产物。

（2）酸类及酯类的变化 白酒在贮存过程中，除少数酒样中的乙酸乙酯增加外，几乎所有的酯都减少。而与此相对应的是酸增加，尤其是乙酸、丁酸、己酸、乳酸。这充分显示白酒在贮存中主要酯类的水解作用是主要的。这与威士忌在贮存中酯是增长的情况完全不同，却类同于日本的烧酎。当然，若贮存时封缸不严，造成酒精及低沸点香气成分的挥发损失，使酒浓缩而导致酸增长，酯减少，也可能是原因之一。

（3）醇类及醛类的变化 甲醇随贮存时间延长而减少；正丙醇含量变化不大；其他高级醇含量均有所增加。醛类大体上是10年之内呈增加趋势，以后又有所减少。

（4）新酒贮存过程中金属元素含量的变化 取车间刚蒸馏出来的新酒，盛入两种不同材质的贮酒容器中，每半年取样分析，结果见表2-6及表2-7。

表2-6 新酒贮存于容器1（材质中含有各种金属氧化物）中的金属元素变化

单位：μg/L

车间号	贮存时间	K	Ca	Mg	Al	Na	Pb	Mn	Ni	Cu	Cr	Cd	Fe
501	新酒	950	450	90	27.17	370	0.98	2.47	0.46	7.09	1.48	1.94	13.16
	半年	1210	610	80	90.2	130	7.4	8.56	0.49	9.97	1.49	1.26	29.1
	一年	1920	1490	170	130.23	170	7.21	14.64	0.5	11.84	1.48	2.81	52.01
505	新酒	740	440	110	18.13	240	1.98	2.46	0.44	3.17	1.51	1.22	16.58
	半年	1670	320	70	113.5	40	17.41	3.08	0.51	7.84	1.22	1.31	30.86
	一年	1600	360	200	172.47	150	9.77	7.11	0.95	7.96	1.66	2.68	66.24
509	新酒	1260	560	170	21.74	170	1.63	7.73	0.16	7.02	3.39	2.62	29.28
	半年	1580	440	160	66.09	160	9.51	9.08	0.39	8.18	5.73	1.41	37.98
	一年	1990	320	330	68.71	290	7.12	14.76	1.44	10.54	5.98	3.58	59.83
511	新酒	1050	1180	240	6.18	320	2.83	3.09	1.62	2.29	2.59	0.21	12.64
	半年	1140	470	180	39.93	1160	8.07	8.91	2.27	5.56	1.81	1.29	31.06
	一年	92	620	430	136.5	480	10.49	11.75	1.17	7.52	2.37	4.21	55.13

注：表中数据为10个酒样的平均值。

表2-7 新酒贮存于容器2（材质较为单一，含金属元素少）中的金属元素变化

单位：μg/L

贮存时间	K	Ca	Mg	Cd	Fe	Pb	Cu	Mn	Al	Ni	Cr	Na
新酒	1520	1200	390	1.09	17.48	0.78	10.33	4.85	44.36	0.91	2.88	1830
半年	1200	400	200	1.08	31.49	4.03	4.13	9.71	21.06	3.9	4.95	900
一年	970	280	340	2.96	21.97	1.83	15.51	20.19	65.91	10.99	9.56	270

注：表中数据为5个酒样的平均值。

容器1的材质中含有各种金属氧化物，因此酒经贮存后，这些金属元素便溶入酒中，增加较多的有Al、Fe、Cu、Pb、Mn，而Ca、Mg、Cr、Cd几乎不增加，甚至减少。容器2的材质较为单一，含金属元素少，溶入酒中也少。其中除 Fe、Mn、Ni、Cr 增加较多外，绝大部分金属元素不增加，甚至减少。经品尝认为，容器 1 贮存白酒的陈酿效果比容器 2 为好。以上结果证实，贮酒容器的材质直接决定了酒中金属含量的品种，贮存期的长短与其含量多少有关。

各种酒类制品中的金属含量来自原料、酿造用水、容器及生产设备等。金属的多少，即使是同类的酒也因酿造方法的不同而各异。国外关于金属对糖化、发酵和微生物发育繁殖的影响，对微生物无机营养及对酶活性方面的研究，已有很多报道。一般蒸馏酒的金属含量比酿造酒为低。

日本的泡盛酒传统方法贮存于陶质酒坛中。经贮存后的酒中，其 Fe、Cu、Ca、Mn、Zn、Mg、K、Na 的含量超过新酒很多。这是酒在贮存过程中酒坛中的金属成分溶解到酒中所致。这一现象是促进泡盛酒老熟变化的重要因素，并使酒带金黄色。这些金属含量大体上随贮存年限的延长按比例增加。因此，陶质酒坛贮酒后，如以铁的含量计算，大致可以推算出酒的老熟期。

案例 2　探究金属元素在白酒老熟过程中的作用

选用 $NiSO_4$、$Cr_2(NO_3)_3$、$CuSO_4$、$MnSO_4$、$Fe_2(SO_4)_3$ 5 种金属盐，按一定浓度添加于新酒中，1h 后比较各金属元素除去新酒味的能力。结果 Fe^{3+}、Cu^{2+} 去新酒味较强，Ni^{2+} 有一定的作用，Cr^{3+}、Mn^{2+} 无去新酒味的能力。新酒味的主要成分一般认为是硫化物，而添加的 5 种金属盐均能与酒中硫化物反应生成难溶的硫化物。然后将酒样放置于 25℃恒温箱中，经 1 个月、5 个月后分别测定其微量成分变化及品尝，结果见表 2-8、表 2-9。

表 2-8　金属元素催化 1 个月后酒中的微量成分　　单位：mg/100mL

酒样	乙醛	乙缩醛	乙酸	乙酸乙酯	异丁醇	异戊醇	己酸乙酯
1#酒样	43.78	207.39	41.41	117.25	29.85	40.26	383.16
Mn^{2+}	50.36	198.04	31	112.9	30.05	38.04	328.21
Cu^{2+}	50.41	188.23	38.16	115.56	80	37.54	325.27
Fe^{3+}	58.7	211.5	59.53	112.98	29.72	38.17	324.67
Cr^{3+}	71.18	270.34	51.44	111.5	29.78	38.77	331.99
Ni^{2+}	87.81	200.74	32.96	107.63	29.3	40.8	320.92
2#酒样	37.89	108.34	48.53	81.52	29.01	44.99	336.42
Mn^{2+}	32.46	100.31	51.98	79	26.66	43.89	330.94
Cu^{2+}	20.36	90.03	40.54	85.62	30.58	49.88	322.24
Fe^{3+}	35.27	117.93	48.08	77.24	27.76	43.66	322.24
Cr^{3+}	41	160.58	37.89	84.12	27.88	44.23	318.25
Ni^{2+}	31.12	99.44	31.14	79.9	28.24	45.53	327.74

表 2-9　金属元素催化 5 个月后酒中的微量成分　　单位：mg/100mL

酒样	乙醛	乙缩醛	乙酸	乙酸乙酯	异丁醇	异戊醇	己酸乙酯
1#酒样	40.52	175.03	40.11	95.75	26.18	33.96	299.56
Mn^{2+}	36.77	172.51	41.15	97.63	27.54	34.26	301.24
Cu^{2+}	39.31	170.22	37.83	96.26	27.11	33.68	302.63
Fe^{3+}	61.76	233.43	79.42	112.17	26.85	33.98	296.11
Cr^{3+}	77.61	254.21	75.69	113.24	27.23	34.35	269.65
Ni^{2+}	41.34	164.5	44.36	94.89	26.46	34.1	294.8
2#酒样	43	68.34	43.41	68.95	24.37	21.98	290.24
Mn^{2+}	30.87	58.85	57.3	64.31	23.1	21.18	307.99
Cu^{2+}	36.63	74.16	38.2	69.27	24.25	22.87	293.18
Fe^{3+}	64.07	114.25	80.7	75.93	23.78	22.75	297.74
Cr^{3+}	75.48	132.26	67.66	74.56	24.53	22.77	289.69
Ni^{2+}	38.33	67.27	48.76	65.33	23.98	22.31	284.29

　　表 2-8，表 2-9 说明，Fe^{3+}、Cr^{3+} 对酒有明显的催化氧化能力，其他金属元素催化作用不明显。反映在酒中乙醛、乙缩醛、乙酸、乙酸乙酯明显增加，这是由于酒精氧化成乙醛，再氧化成乙酸，乙醛和酒精缩合生成乙缩醛，酒精与乙酸酯化生成乙酸乙酯所致。但将这 2 种酒样品尝，结果是未经催化的原酒样最好，添加金属元素的酒样不同程度地欠自然、显刺辣，没有发现一个酒样有陈味。

【综合步骤】原酒自然老熟和人工老熟的操作

综合任务一和任务二进行如下操作。

1. 选择人工老熟的技术：本实验采用超声波处理。

2. 将浓香型原酒等分为 1 L，分别加入 4 个陶瓷缸中，其中两坛陶瓷缸进行自然老熟，另外两坛在同等条件下进行超声波人工老熟技术。

3. 每隔 15d，分别品尝 4 坛白酒，记录气味和口感。

4. 连续进行 6 个月的实验操作。

（检查与评估）

一、任务实施原始记录表

项目	时间	温度	白酒的香味	白酒的口感
自然老熟				
人工老熟 - 超声波技术				

二、考核评估

序号	考核项目	满分	考核标准	考核情况	得分
1	实习纪律	10	严格遵守实训实习纪律，服从辅导教师和相关人员的管理，无迟到、早退、旷课等现象，迟到一次扣3分，旷课一次扣10分，早退一次扣5分，着装不规范扣5分		
2	安全教育	10	熟悉白酒生产基地及酒厂的安全操作规程，认真落实安全教育，衣着、操作符合厂方规定，违反一次扣5分		
3	实训项目考核	50	每个单项目进行考核，每个人以成功完成自然老熟和人工老熟的实验项目得满分，否则扣5～50分		
4	现场提问	30	对本任务涉及的理论知识进行提问考核，回答基本正确扣1～25分，回答错误不得分		

三、思考与练习

1. 白酒老熟的定义是什么？
2. 白酒老熟可以分为哪几类？
3. 人工老熟的方法有哪些？
4. 举例说明白酒老熟过程中发生的物理及化学变化有哪些？

项目三　白酒贮存前期管理

任务一　贮酒容器的类别和使用

学习目标

知识目标

1. 掌握白酒贮存容器的分类依据和种类。
2. 掌握不同白酒贮存容器的特点。
3. 掌握白酒贮存容器的涂料种类及特征。
4. 了解酒池的涂料种类及特点。

能力目标

1. 能区别白酒贮存容器的优缺点。
2. 能合理运用涂料保护白酒贮存容器。

项目概述

　　我国悠久的酿酒历史伴随着盛酒容器和贮酒容器的发展，贮存容器包括陶瓷容器、血料容器、金属容器、钢筋混凝土池等，它们具有各自的优缺点，我们应该掌握它们的特点，合理选择容器进行白酒贮存。为了确保贮存中酒质不变，减少白酒的损耗，同时加快白酒老熟，选择合适的涂料保护白酒贮存容器很重要。

任务分析

本任务是进行露天罐、陶坛和钢筋混凝土池贮存白酒的实际操作，使学生掌握白酒贮存容器和涂料相关的理论知识和操作技能，确保贮存中酒质不变，减少白酒的损耗，加快白酒的老熟，以缩短酒的贮存期，提高白酒企业的生产效益。

任务实施

【步骤一】 制备贮存白酒的露天罐、陶坛缸

一、操作

1. 制作大型金属罐

选罐：在某酒厂采用容积为 $55m^3$ 的露天罐贮存白酒。6 个罐共占地 $180m^2$。

砌底座：砌层距为 60cm 的砖基 3 层，以水泥抹面。

制作贮酒罐方法一：以 6mm 厚的普通钢板制成。罐体为立式安置。其高为 3.8m，直径为 4.4m。平底锥形盖，盖顶有直径为 50cm 的人孔，供进酒及清洗用；靠近罐底有直径为 2.54cm 的出酒阀门。罐内壁衬玻璃纤维布 2 层、刷无毒环氧树脂涂料 3 次，烘干后涂料层厚为 2cm。涂前经严格除锈，要求涂后粘结牢靠、表面平整、无鼓泡、质地坚硬，不能有脱落、变性及被酒液溶解等现象。罐外壁刷银灰色防锈漆。

制作贮酒罐方法二：采购食品级不锈钢 304 的卷材板为原料，罐体为卧式或者立式罐，大小尺寸和方法一相同。

2. 制作土质上釉陶坛贮酒容器

陶瓷酒坛由来已久，唐朝时陶瓷酒坛便盛行于世，陶瓷作为中国酒文化的载体，传承中国千年陶艺的贮酒文化。

（1）陶瓷酒坛子模具制作　将一个酒坛子模型放入一个双层长方体的木框内，再注入石膏，片刻后拆除木框，石膏模具形成，由于模具是上下两层可分开，稍干后，分开石膏模具，取出内嵌的酒瓶模型，两石膏模块合在一起就制作成了一副内空的、可浇灌泥浆的酒坛子模具。

（2）向石膏模具灌注黏土泥浆　由于石膏有吸水性，紧靠石膏壁的泥浆水分被吸走后就形成了一层比较坚硬的泥壳。倒出其余泥浆，拆开石膏模具，一个有型的黏土酒坛子展现出来。

（3）上釉　上釉分内釉和外釉，内釉阻隔酒水渗入陶瓷体内，外釉起保护和美化陶器的作用。

（4）干燥烘烧　上釉后的黏土陶器，放在耐火砖上送入隧道窑入口。由顶车机推动陶器缓缓向前，经历干燥带、烘烧带、降温带之后出炉，焙烧器有五十多米长，温度由低到高逐渐加温，根据釉的不同温度也不同，一般在1200～1300℃，使用的燃料是天然气。这样一个普通的陶瓷酒坛子已然形成，如需要烤花，那么还有烤花工序。

烧好的陶瓷酒坛子经贴花，手绘，再一次送入另一道窑炉中烘烧，这样一个完整的陶瓷酒坛子就诞生了。酒坛模型以当地优质陶土作为原材料，聘请专业制陶工匠，采用传统工艺精制而成。酒坛模型入窑高温成型，确保各类酒坛、酒缸耐酸耐碱，不渗不漏，透气性能好，吸水率低，釉色晶莹，不含金属物质，无毒、无副作用。

酒坛模型始终坚持经久耐用的同时，注重产品外形的美观和品位。相比较其他容器，酒坛模型以其质地比较严密、密度小、透气性能好、不浸不漏的特点是存放白酒的最理想的容器。酒坛模型制作出来的酒缸存放的地点最好是地下室，因为地下室温度变化不大，环境基本保持常温，减少酒精的挥发，保持白酒的原味。其精美的外观更受到广大白酒生产者、白酒爱好者、白酒收藏家的青睐。

二、相关知识

目前，白酒的贮存容器种类较多，因不同地区及不同档次的白酒而异。以容量大小可分为小型容器和大型容器两大类；按材质有竹篾、荆条、木材、陶瓷、石头、金属及钢筋水泥之分；按涂料或贴面可分为猪血桑皮纸、环氧树脂、过氯乙烯、不饱和聚酯、玻璃贴面等。

（1）陶器　可用作盛酒或贮酒，小口者称为坛，容量为0.5～100L，广口者称作缸，容量为100～1000L。陶器要求上釉精良，无裂纹及砂眼。新的坛、缸应洗净后用清水浸泡几天才能装酒，以减少酒的损失。有的厂用瓦钵作盖并用"三合灰"密封；有的则采用塑料布及几层牛皮纸，以细麻绳扎紧密封。

由于陶器有不同程度的渗漏现象，故每年平均酒损率达6.4%左右，而大容器贮酒平均年损耗率仅为1.5%；缸坛的占地面积较大，管理不便，酒质也不易一致。

一般名优酒多用陶器贮存，但应密切注意容器的釉料。缸、坛的材料是陶土，经粉碎、制坯、高温烧结而成型。在加工过程中，还需上釉，而釉的成分比较复杂，其主要原料是石英、长石、硼砂、黏土等，将其磨成粉末，加水调和后涂于陶坯的表面，经烧结后呈现玻璃光泽，并增加陶器的耐渗性、绝缘性和机械强度。釉料中有时还添加铁、镉、锑、铬、锰、铜、铅等金属化合物，经高温焙烧后，其中一部分重金属化合物已失去了毒性，有些成分如铁等溶出后起化学媒触作用，能促使白酒加速老熟。各陶瓷厂所用的釉料不一，有的为了改善产品的外观而使用彩釉，即利用了氧化铅、镉、锑等重金属化合物，如氧化铅呈奶黄色，镉化物呈红色或黄色，铬化物呈绿色及朱红色，锑化物呈白色。这些釉料经高温焙烧后，仍然有部分毒性成分残留于釉中。若用这类容器盛白酒，则会将有毒成分溶出而使饮用者中毒，出现头晕、昏迷、贫血甚至危及生命等现象。这在国内外均有报道，如加拿大有的儿童因长期饮用盛于含铅釉料陶瓷壶中的果汁而中毒身亡；南斯拉夫某地农民在冬季每天饮用以陶器煮的酒而中毒；我国四川等地也曾出现过铅中毒的事件。因此，陶瓷厂在使用釉料时，应该慎重。

（2）血料容器　血料是指用动物血（常使用猪血）和石灰制成的一种蛋白质胶性半渗透薄膜，对酒精含量在30%以上的白酒有较好的防止渗漏的作用；但可能会溶出钙及低分子含氮物等，使酒呈黄色，故不宜用于贮存清香型白酒。血料长期接触酒，会对酒中的酸起中和作用，并可能产生血腥异味。

四川用竹篾编成篓，糊上猪血料后盛酒；陕西用荆条编成筐，糊上猪血料纸后称为"酒海"，能贮酒5t以上；东北用容量为10t左右的木箱，糊猪血料后贮酒；江苏某厂在钢筋水泥池的内壁，用血料糊以桑皮纸后贮酒25t。

国家名酒陕西西凤酒，贮存酒的容器为血料容器，俗称酒海，首先，在选料上，"西凤酒海"所选用的荆条均来自于秦岭。古代的西凤酿酒师，于每年入秋时分的荆条落叶季节，即从陕西凤翔启程赶往秦岭，精选品相完美且粗细均匀的荆条，并于隆冬时节将精选的荆条运回。天寒地冻间，往返一趟即耗时数月，古代西凤酿酒师为获取上等酒海原料而付出的辛劳可想而知。其次，在酒海的制作上，酿酒师需在荆条的水分尚未消失殆尽前将其编制成大酒篓，以此保证编制过程中荆条的柔韧性。在酒篓编制完成后，酿酒师用鸡蛋清合成粘合剂，以上等白棉布裹糊酒篓内壁，并在白棉布干透之后，再以麻纸进行百层裱糊，而每一层的麻纸裱糊均需要在上一层麻纸自然晾干之后才能进行，最后以菜油、蜂蜡等涂封。在酒海的制作过程中，所有工序必须按部就班地予以完成，并要求所有裱糊和涂封必须做到密实无隙，由此才能保证酒海的贮酒功能。因此，每一个酒海的制作完成，都要历经繁复的精工细琢，都要耗去酒库师傅一年的时间。而容量稍大或者更大的"酒海"则需要二、三年的时间。

（3）金属容器

①碳钢板容器：因碳钢不耐白酒侵蚀，故在容器内壁应涂以防腐涂料，以免酒变成黄色或产生铁腥味。有的在容器内壁衬搪瓷，但其容量只能在4t以内，因容量较大时不便烧结。为保护搪瓷釉面，在运输中要避免强烈震动，以免造成裂缝。在搪瓷釉料中也含有少量氧化铅，故使用这种容器贮酒，其含铅

量偏高。

②铝制容器：有的厂以铝罐作为勾兑时的暂贮容器；有的则用作长期贮酒罐。据分析，铝易被酸腐蚀，且铝经氧化成为氧化铝而进入酒中，会使酒呈腥怪味，固形物含量增加，并使酒的口味淡薄；铝的氧化物与酒中的有机酸作用，会产生沉淀物，并使酒呈涩味。

据有关部门对 26 个以铝制容器贮存的酒样进行检测，结果其铝含量范围为 0.50 ~ 28.50mg/L，平均为 8.25mg/L；但以非铝制容器贮存的 39 个酒样，其铝含量为 0 ~ 5.10mg/L，平均值为 1.46mg/L。这表明以铝制容器贮酒会增加酒中铝的含量。

铝是人体非必需的成分，而且是某些神经失调的病因，如饮用铝含量高的水易诱发老年痴呆症，铝离子还能在慢性肾脏病患者身上有积累作用。故世界卫生组织（WHO）及联合国粮农组织（FAO）曾对铝的安全性做过评价，认为它不是人类饮食的正常成分，属于污染物，人体应尽量少摄入为好。

③锡制容器：一般商品锡中含铅量超过白酒贮器的规定，故不宜制作贮酒容器。锡板焊接所用的焊药、松香之类，也影响酒质，有的名酒厂曾对锡制容器贮酒做过试验，发现贮存半年左右会呈现白色絮状沉淀，经检测证明源于焊药。因此，即使是纯锡制的容器，也只能作为暂贮白酒之用。

④不锈钢容器：近年来白酒厂多采用不锈钢容器贮酒，其耐蚀性能优于碳钢，故内表面无须以涂料防腐。但应注意到若加工不当，尤其是焊接不良，则会造成焊缝热影响，使板材局部质变，或出现脆化现象，而使重金属易被酒溶出。

原轻工业部食品发酵科学研究所曾在大容量白酒贮存容器试验的科研项目中，采用原子吸收法逐年将有关试样的微量元素做了检测，其结果如表 3 - 1 所示。

表 3 - 1　不同容器贮存白酒试样微量元素分析　　　单位：mg/L

容器	分析时间	Cu	Fe	Mn	Zn	Cr	Pb	Cd	Ni	Ca	Mg
陶坛	1982 年	0.03	0.41	0.002	0.05	0.000	0.07	0.000	0.000	—	—
	1983 年	0.04	1.12	0.010	0.08	0.000	0.06	0.000	0.000	3.02	0.31
	1984 年	0.04	1.29	0.015	0.08	0.000	0.05	0.000	0.000	3.30	0
	1985 年	0.05	1.79	0.018	0.08	0.040	0.04	0.004	0.007	2.48	0
不锈钢罐	1982 年	0.02	0.32	0.050	0.04	0.030	0.05	0.000	0.150	—	—
	1983 年	0.03	0.63	0.090	0.04	0.050	0.05	0.000	0.200	3.06	0.20
	1984 年	0.03	0.72	0.126	0.04	0.070	0.04	0.004	0.250	2.39	0
	1985 年	0.02	0.73	0.124	0.05	0.120	0.04	0.002	0.230	1.86	0

续表

容器	分析时间	Cu	Fe	Mn	Zn	Cr	Pb	Cd	Ni	Ca	Mg
搪瓷罐	1983 年 12 月	0.00	0.03	0.01	0.02	—	0.00	0.00	—	2.05	1.25
	1984 年 8 月	0.0084	0.03	0.0004	0.11	—	0.06	0.00	—	0.73	0
	1984 年 12 月	0.0038	0.082	0.0091	0.25	—	0.065	0.01	—	2.18	0

酒中的金属元素，有些是人体所需的，有些则有毒性。有害的金属除了因环境污染及制酒过程中带入外，大多为在贮酒过程中由容器所溶出。而在白酒的卫生指标中仅规定限制铅及锰的含量，可是任何一种金属，只要人体摄取量达到一定浓度时，就会有不同程度的毒性，故白酒中应尽可能地减少其含量。

（4）钢筋水泥池　钢筋水泥池的内壁，通常涂上或衬上如下的材料。

①桑皮纸猪血贴面：先将水泥池内壁处理洁净，再把猪血加石灰和水拌匀，每5张桑皮纸粘成1帖，交叉贴于池内壁，顶部贴40层，四壁60层，底部80层。然后用木炭文火烤干，表面涂上蜂蜡即可。

②内衬陶板：用江苏宜兴陶瓷厂生产的陶板，衬于池内壁，用环氧树脂刷缝后，再以猪血料勾缝。其贮酒效果与陶坛相当。

③瓷砖或玻璃贴内壁：同内衬陶板抹缝。

④环氧树脂或过氯乙烯涂料：若施工不当，易起泡或脱落。环氧树脂若以二胺类作固化剂，则多余的二胺类单体与酒中的糠醛生成席夫碱，使酒呈红褐色或棕色，且酒味淡薄，故不宜贮存糠醛含量较高的酱香型白酒。这两种涂料对酒质的影响，尚需进一步试验后得出比较可靠的结论。

【步骤二】陶坛及钢筋混凝土池贮存白酒

一、操作

在某厂采用陶坛及钢筋混凝土池贮存白酒，并使用4种涂料。

陶坛为江苏宜兴陶瓷公司所产。其容量有 350kg、300kg、225kg 3 种，共 300 个。陶坛以清水洗净后即可盛酒，以木盖盖严，并用纸密封。

钢筋混凝土酒池及酒库如下：

（1）酒库　贮酒量1650t。酒库总长为48m，跨度18m，房沿高度为4m，总面积为900m²。地面为整体钢筋混凝土结构，厚度为20cm。此库采用钢屋架预制结构，共用钢材32t，水泥94t。每1t酒占地面积为0.54m²。

（2）酒池　设半地下式容量为50t的酒池33个。其长为5m，宽4m，深

3.4m。酒池底厚40cm，顶厚30cm，壁厚30cm，四周有宽1.5m的通道。酒池顶部为水泥砂浆面；池底、内壁、外壁及基层均为防水水泥砂浆面。每个酒池的进酒孔径为65cm，出酒孔径为15cm。建酒池共用钢材61t，水泥504t。

二、相关知识

1. 酒池使用的涂料

（1）猪血桑皮纸涂料　使用山东曲阜生产的桑皮纸及新鲜猪血加工。应在冬季操作。

（2）环氧树脂涂料　以丙酮和二丁酯作稀释剂，乙二胺为固化剂，立得粉为填充料。先将池表面严格处理后，将环氧树脂与上述物料按规定比例混合均匀，用毛刷刷于池内壁1遍，待干燥后再刷第2遍，共刷5遍。为防止乙二胺等多余的单体等进入酒液，在盛酒前应用温水及酒糟水等浸泡多日，并充分洗净后方可正式使用。

（3）过氯乙烯涂料　使用红、白、青3种过氯乙烯，加20%香蕉水拌和后喷涂。第1层为红色，第2层红白色混合，第3~5层为白色，第6层清白混合、第7~15层为青色。使用6年后，可能发现有起泡及整张脱落现象，这是池表面过于光滑而涂料不易附着所致。

（4）玻璃贴面　先将50cm见方的、厚度为3cm的平板玻璃平放，加木框固定后，上铺500号水泥浆0.5cm，贴于池面，然后除去木框。待池面贴完，水泥充分干燥后，再以环氧树脂涂料填缝。填料的配方为：环氧树脂50%，500号水泥50%，乙二胺8%，用无水酒精作稀释剂，尽可能少用。此法操作难度较大，要求平整、无气泡、填缝严实；水泥的干燥时间较长。上述涂料的安全性还值得继续研究。

2. 贮酒容器的使用涂料

无论是容量为5~10t的传统贮酒容器"酒海"的内壁，还是容量为25~150t的大型金属或水泥贮酒容器的内表面的防腐防渗，以及陶板、玻璃板等贴面的勾缝，均需使用涂料。但是，目前全国对白酒贮存容器的涂料种类，尚无统一规定，对各种涂料的物料配比及操作，也无严格的规程，缺乏必要的技术指导和监督。故在实际效果上存在不少问题：有的容器内表面涂料层经常脱落，必须每年修补；有的涂料虽然在防腐防渗方面具有一定的作用，但对酒的色、香、味，特别是对酒的卫生指标产生不良的影响，应该引起足够的重视。

目前，白酒贮存容器的涂料，按其主成分的不同，可分为天然涂料和合成涂料两大类。

（1）天然涂料　过去应用较普遍的是猪血石灰涂料，因其价廉易得，配制简单，故在贮存散装白酒的酒篓及木箱等容器中，应用者仍较多。但这种涂料如前所述也存在一些缺点；且贮酒损耗较大；也不能装低度白酒，因含水量大的酒液能使涂料变软渗漏；还需经常检修。故大多新建的酒库的贮酒容器，已不用这种涂料。

沥青、石蜡、生漆等天然涂料，其使用寿命受喷刷条件及温度等影响，一般需每年大修。使用这些涂料的酒样均有荧光性反应；在沥青及石蜡涂料中，已检出苯并芘等有害成分。生漆对贮酒容器的粘着力不大；其主要成分漆酚不溶于水，但易溶于酒精等有机溶剂；使用这种涂料时，对温度、湿度等均有较高的要求；具有一定的毒性，易使操作者皮肤过敏。

（2）合成涂料　目前，用于白酒贮存容器的合成涂料，主要有 3 种，即过氯乙烯酒池漆、不饱和树脂涂料、环氧类涂料。这些涂料使用于白酒贮器上，尚无卫生标准，存在有些成分具有毒性甚至致癌性的问题，以及配比及操作不当等状况。

过氯乙烯酒池漆中的增塑剂"五氯联苯"是国内外公认的有毒成分，若进入人体，会蓄积在脂肪中，能引起心包炎、心功能不全、肝功能变化及免疫球蛋白减少等病变。该涂料的异杂气味也很大，若工人在池内施工 20min 以上，则会感到心动过速、头晕甚至窒息。故这种涂料应予以淘汰。

据有关部门检测，发现使用不饱和树脂或环氧树脂类涂料的贮罐的酒样，均有荧光反应；并在不饱和树脂中检出苯并芘成分。若将以不饱和树脂或环氧树脂为涂料的容器用 60% 的酒精溶液浸泡，则其蒸发残渣量均较高，不饱和树脂含量达 458mg/kg，环氧树脂含量为 88.5mg/kg，均超过国外要求少于 30mg/kg 的标准。若在上述涂料的配方中，以丙酮、甲苯等为溶剂，以乙二胺、己二胺、间苯二胺类芳香胺为固化剂，以苯二甲酸二丁酯、多氯联苯等为增塑剂，则均是不安全的，因为这些成分均有不同程度的毒性甚至致癌性，如果它们以多余的单体形式进入酒中而转入人体，其后果是不言而喻的。

某省对贮酒容器使用上述合成涂料的 8 个厂的 22 个酒样做了 300 多次检测，结果发现酒液中乙二胺的含量最高达 170mg/L，二酚基丙烷最高为 3.48mg/L，环氧氯丙烷最高为 2.0mg/L。这些有毒成分在酒中的含量多少，与涂料的配方、操作方法、贮酒温度及贮存期等因素有关。

因此，在推广使用大容量贮酒容器的时候，应严格避免使用有毒涂料，必须采用新型的食品级无毒涂料，以利于饮用者的健康。

3. 贮酒容器使用前的验收、试压工作

由于陶坛一般采用的是黏黄土为原料，在高于 1300℃ 的窑炉里面烧结而成的，且需要大量的手工操作，坛的内部和外部都要涂上一层釉彩质料，硬化后的成色不一，大小不一，质量参差不齐，购进后必须进行清洗、试压。厂方送货到达后，进行验收工作，查看有无破损，上釉的色彩是否一致，验收合格后，加自来水放满，观察 3~5d 后不漏为合格，让酒坛充分吸收水分后，用水泵抽干，用纯净水清洗一次后，再用降度为 50 度的优级食用酒精或者一级原度酒润洗一遍，入库排放，每排空隙预留 0.8~1m 宽的通道。

不锈钢酒罐的验收试压工作与陶坛的验收、清洗、试压工作基本一致，不锈钢酒罐的试压时间一般在一周以上，对负重的地基要求很高。

【步骤三】陶坛与不锈钢罐的贮存结果与分析

一、操作

1. 样品

四川某名酒厂优级基酒，65% vol。

2. 仪器和设备

气相色谱仪，Agilent 6820，购于北京京科瑞达科技有限公司。

电导率仪，DDBJ–350，购于上海精密仪器仪表有限公司。

3. 实验方法

（1）色谱分析　色谱条件：氢火焰检测，检测器温度为 250℃，H_2 流速 40mL/min，空气流速 400mL/min，载气 N_2 1.8kg/cm^2，流速 0.89mL/min，分流比 29:1，尾吹 26.5mL/min；用叔戊醇、乙酸正戊酯、2–乙基正丁酸作内标。

（2）理化分析

①酸度：采用国家标准测定。

②电导率：用电导率仪直接测定。

（3）感官品评　采用密码编号，请白酒品评方面的专业人员进行评定。

二、不同贮存容器的贮存结果与分析

1. 采用 3 个 0.5t 的陶坛和 3 个 4t 的不锈钢罐分别贮存基酒，在 1 年贮存期内，每隔 2 个月对酒进行色谱分析、理化分析和感官品评，结果见表 3–2 和表 3–3。

表 3–2　不同贮存容器中酒的组分、酸度及电导率　　　　单位：mg/100mL

组分	0.5t 陶坛						4t 不锈钢罐					
	2 月	4 月	6 月	8 月	10 月	12 月	2 月	4 月	6 月	8 月	10 月	12 月
酒精度/% vol	65.0	65.0	64.8	64.6	64.5	64.2	65.0	65.0	64.9	64.7	64.5	64.5
乙醛	20.87	18.12	16.56	15.10	14.05	13.64	22.01	19.38	18.20	16.89	15.97	15.41
乙缩醛	48.75	53.13	57.20	60.85	63.44	65.68	50.39	54.55	58.72	61.18	64.23	66.61
异丁醇	14.77	12.38	11.82	12.30	11.24	10.65	15.02	14.35	14.40	14.68	13.25	11.71

续表

组分	0.5t 陶坛						4t 不锈钢罐					
	2 月	4 月	6 月	8 月	10 月	12 月	2 月	4 月	6 月	8 月	10 月	12 月
正己醇	20.21	19.53	19.11	19.18	18.25	17.69	20.50	20.56	19.84	19.25	18.62	18.10
异戊醇	27.44	26.69	26.10	25.42	24.98	24.75	27.00	26.23	25.88	25.54	25.08	24.84
乙酸乙酯	181.6	175.1	172.0	169.5	168.1	166.4	189.5	180.2	177.7	173.0	172.2	171.8
丁酸乙酯	50.90	48.49	46.25	45.84	45.09	44.48	51.40	47.40	46.58	46.11	44.08	43.59
己酸乙酯	401.4	385.5	371.0	363.6	359.8	354.3	411.4	397.2	388.9	384.0	375.5	372.0
乳酸乙酯	291.6	272.8	257.3	245.3	240.5	238.1	300.6	283.5	269.0	262.7	253.8	252.6
总酸	1.15	1.24	1.29	1.33	1.36	1.38	1.16	1.23	1.30	1.35	1.39	1.42
电导率/ (μS/cm)	19.25	17.02	15.44	15.18	14.99	14.78	19.13	17.63	16.28	16.01	15.86	15.56

表 3-3　不同贮存容器中酒的品评结果

贮存时间	感官评语	
	0.5t 陶坛	4t 不锈钢罐
2 月	放香较差，有辛辣感，微带苦涩，尾欠爽净	放香较差，略有新酒味，有辛辣感，微带苦涩，尾欠爽净
4 月	闻香较小，有辛辣感，微带苦涩，尾欠爽净	闻香较小，略有新酒味，有辛辣感，微带苦涩，尾欠爽净
6 月	窖香较好，有绵甜味，醇和，尾欠爽净，后味较短	闻香较小，有甜味，较醇和，尾欠爽净，后味较短
8 月	窖香较浓，有绵甜味，醇和，尾较爽净，后味较长	窖香较好，有绵甜味，醇和，尾较爽净，后味较短
10 月	窖香较浓，有绵甜味，醇和，尾爽净，后味长，酒体丰满	窖香较浓，有绵甜味，醇和，尾爽净，后味长
12 月	窖香较浓，有绵甜味，醇和，尾较净，后味长，酒体丰满	窖香较浓，有绵甜味，醇和，尾较净，后味长，酒体丰满

从表 3-2 可以看出：

（1）酒精度　贮存过程中，由于乙醇分子挥发等原因造成酒精度下降。

（2）乙醛　随贮存时间的延长而逐渐减少。这是由于乙醛为低沸点、易挥发物质，在贮存期内不断挥发，同时又与乙醇反应生成乙缩醛。

（3）乙缩醛　随贮存时间的延长而逐渐增加。

（4）醇类　在两种容器中，异丁醇、正己醇和异戊醇的含量都随贮存时间的延长呈总体下降的趋势。不过在贮存前期，不锈钢罐中的正己醇含量出现了一个小幅的增加。

（5）酯类　在两种容器中，四大酯的含量在贮存前期降低幅度较大，后期降低幅度逐渐放缓，总体上都呈下降趋势。不锈钢罐中的四大酯含量略高于陶坛中的。

（6）总酸　随贮存时间的延长而逐渐增加。

（7）电导率　随贮存时间的延长而逐渐减小。到6个月后，变化很小，趋于稳定。

以上几大指标的变化趋势，符合基酒在贮存中"酯降酸增"的总体规律。陶坛贮酒的酒度和乙醛含量略低，可能是由于陶坛的密闭性不及不锈钢罐，乙醇和乙醛挥发量相对较大引起的。

从表3-3可以看出，陶坛贮存的酒老熟需7~8个月，不锈钢贮存的酒老熟需9~10个月。同一贮存时间，陶坛贮存的酒优于不锈钢贮存的酒。

2. 在3种不同条件下贮存基酒

分别为：①室温、满坛；②高温（45℃）、满坛；③室温、半坛。每组采用3个10kg的陶坛，在3个月贮存期内，每隔1个月对酒进行色谱分析、理化分析和感官品评，结果见表3-4和表3-5。

表3-4　不同贮存条件下酒的组分、酸度及电导率　　单位：mg/100mL

组分	室温、满坛			高温、满坛			室温、半坛		
	1月	2月	3月	1月	2月	3月	1月	2月	3月
酒精度/%vol	65.0	65.0	65.0	64.4	63.7	63.1	64.9	64.9	64.8
乙醛	22.35	20.87	19.43	22.89	25.50	23.18	22.89	21.15	19.88
乙缩醛	46.25	48.75	50.98	44.47	46.10	47.66	48.01	49.69	51.24
异丁醇	15.20	14.77	13.55	15.32	15.01	13.57	15.15	14.95	14.05
正己醇	20.56	20.21	19.85	22.78	22.39	22.02	20.65	20.33	20.08
异戊醇	27.79	27.44	26.82	27.85	27.36	26.80	28.35	27.86	27.11
乙酸乙酯	185.0	181.6	178.8	171.2	168.0	162.3	192.4	187.6	181.8
丁酸乙酯	52.95	50.90	49.31	47.95	43.37	42.28	52.98	50.67	49.23
己酸乙酯	412.3	401.4	395.6	387.5	377.6	367.2	420.8	411.0	402.5
乳酸乙酯	305.0	291.6	280.6	287.5	279.1	272.7	310.1	297.4	285.5
总酸	1.10	1.15	1.18	1.28	1.33	1.39	1.11	1.15	1.20
电导率/(μS/cm)	20.64	19.25	17.80	22.45	20.18	19.30	20.88	19.17	18.03

表 3 - 5   不同贮存条件下酒的品评结果

贮存时间	感官评语		
	室温、满坛	高温、满坛	室温、半坛
1 月	放香较差，新酒味较重，有辛辣感，微带苦涩，尾欠爽净	窖香较好，微酸，醇和，尾较爽净，后味较短	闻香较小，有辛辣感，微带苦涩，尾欠爽净
2 月	放香较差，有辛辣感，微带苦涩，尾欠爽净	窖香浓郁，有绵甜味，醇和，尾较爽净，后味长	闻香较好，醇和，尾较爽净，后味较短
3 月	闻香较小，有辛辣感，微带苦涩，尾欠爽净	窖香浓郁，有绵甜味，醇和，尾较爽净，后味长，酒体丰满	窖香较好，有绵甜味，醇和，尾较爽净，后味较长

（1）不同贮存条件下酒的色谱分析和理化分析　从表 3 - 4 可以看出：

酒精度：贮存过程中，酒精度都会下降，而高温贮存的酒精度下降幅度较大。

乙醛：高温贮存的乙醛含量高于常温贮存和半坛贮存，差异明显；而半坛贮存的乙醛含量略高于常温贮存。

乙缩醛：常温贮存和半坛贮存的乙缩醛含量高于高温贮存。

醇类：三种贮存条件下，醇类物质均无明显差异。

酯类：三种贮存条件下，四大酯的含量总体上都呈下降趋势。高温贮存的四大酯含量均为最小，而常温贮存和半坛贮存的四大酯含量差异不明显。

总酸：三种贮存条件下，总酸都呈逐渐增加的趋势。其中，高温贮存的总酸增加幅度较大，可能是由于持续过高的温度加速了酸酯反应，使得反应向着酸增大的方向进行。

电导率：三种贮存条件下，电导率都随贮存时间的延长而逐渐减小。高温贮存的电导率略高于常温贮存和半坛贮存，估计是热作用有利于使基酒中金属离子周围的水合离子变成自由离子，导致电导率增大。三种不同贮存条件下，几大指标的变化趋势仍符合基酒在贮存中"酯降酸增"的总体规律。高温贮存的基酒，除乙醛含量高于室温贮存外，乙缩醛和四大酯含量均低于室温贮存。半坛贮存的基酒，各项指标均高于常温贮存。

（2）不同贮存条件下酒的感官品评　从表 3 - 5 可以看出，高温贮存和半坛贮存都有可能促进酒的老熟，缩短基酒的贮存期。在 3 个月贮存期内，高温贮存的老熟效果最佳，而半坛贮存的老熟效果优于满坛贮存。半坛贮存接触了空气中的氧，对酒有一定的老熟作用。

基酒在贮存初期，低沸点、易挥发的成分物质挥发损失，乙醇与水分子之间发生氢键缔合，新酒的刺激性、冲鼻味和粗糙感等逐渐消失，缔合达到平衡。随后酒中的多种成分发生变化，或增加，或减少，同时也发生化学变化，酒体逐渐变得醇厚协调，具有绵甜风味。陶坛贮存的酒老熟需 7~8 个月，不锈钢贮存的酒老熟需 9~10 个月。同一贮存时间，陶坛贮存的酒优于不锈钢贮存的酒。考虑到陶坛容量小、占地面积大等因素，可以采用陶坛贮存调味酒，不锈钢罐作配酒和周转容器使用。

高温贮存有可能促进酒的老熟，缩短基酒的贮存期。在 3 个月贮存期内，口感优于常温贮存的酒，回到常温下放置，理化和感官指标没有出现可逆现象。

检查与评估

一、任务实施原始记录表

项　　目	时间	白酒的香味	白酒的口感
露天罐贮存白酒			
钢筋混凝土池贮存白酒			
陶坛贮存白酒			

二、考核评估

序号	考核项目	满分	考核标准	考核情况	得分
1	实习纪律	10	严格遵守实训实习纪律，服从辅导教师和相关人员的管理，无迟到、早退、旷课等现象，迟到一次扣 3 分，旷课一次扣 10 分，早退一次扣 5 分，着装不规范扣 5 分		
2	安全教育	10	熟悉白酒生产基地及酒厂的安全操作规程，认真落实安全教育，衣着、操作符合厂方规定，违反一次扣 5 分		
3	实训项目考核	50	每个单项目进行考核，每个人以顺利完成露天罐、钢筋混凝土、陶坛贮存白酒的实训项目得满分，否则扣 5~50 分		
4	现场提问	30	对本任务涉及的理论知识进行提问考核，回答基本正确扣 1~25 分，回答错误不得分		

三、思考与练习

1. 陶土容器、血料容器、金属容器和钢筋混凝土池容器的特点是什么？
2. 酒池的涂料种类及特点是什么？
3. 白酒贮存容器的涂料是什么？
4. 陶土容器对酒品质的影响有哪些？

任务二　新酒入库后验收定级

学习目标

知识目标

1. 掌握入库验收工作流程。
2. 掌握原酒的感官质量特征。
3. 掌握原酒的定级分类。
4. 熟悉各种香型原酒的定级分类与质量标准。

能力目标

1. 具备新酒入库的验收工作能力，并能制定适合的质量标准。
2. 掌握原酒的感官质量特征，提高白酒尝评能力。

项目概述

发酵产生的原酒，经过蒸馏操作被浓缩提取出来，通过看花取酒被评定为不同等级的原酒，其经过一段时间的贮存才能老熟（陈化），实现酒品质的提升。然而原酒入库后，我们仍需对其进行验收定级，这就要求我们掌握原酒入库后定级的方法和要求。

任务分析

本任务是掌握浓香、酱香、清香型原酒的感官特征、分级的标准及入库的要求，学会根据原酒的感官特征，进行原酒的分级入库操作。

（任务实施）

【步骤一】　验收原酒

一、新酒入库装坛要求

容量：酒面与坛口保持 10～15cm 的距离。

计量：以 kg 为单位过磅称量，不足 1kg 不做记录。

标识：库号、坛号、车间、班组、轮次、年份、日期、数量准确。

二、新酒检验

取样：工作人员需认真仔细核对坛号与编码取样检验。

样品量：一般情况在 200～300mL 为宜。

信息反馈：确保在当日、次日或周一前送达各相关部门（车间）。

安全工作要求：盖严，要将酒容器的盖盖好，封严，以防挥发，减少酒的损耗。勿太满：容器不要装得太满，以免气温升高造成酒的外溢。还要经常检查酒的容器，发现渗漏，要及时采取措施处理。

减少损耗：取酒时不要距离容器太远，并要用酒盘接酒。取酒的工具用完后要及时放回缸内，以保持工具的潮湿，减少酒的皮沾。随着科学技术的不断发展，机械化、自动化的贮取酒工具将日趋增多，要很好地学习和掌握其使用方法。

适当搅拌：白酒是酒精和水的混合液，两者是无限溶解的。但由于相对密度不同，酒在生产过程中每一天的产量和质量不同，在并坛入库后，有可能出现在坛子内上中下层的酒精度不一或者质量不一，所以验收工作必须要先搅拌。搅拌还有一种特殊要求就是，如果久存，封盖又不严密，上层的酒口味又会偏淡。贮存过程中，为了保证酒精度和口味的一致，在使用这坛酒或者这一批次酒的时候，要用木耙适当搅拌，上下勾匀后再取样进行酒体勾调设计。

某知名酒厂的验收工作规程，作为参考。

表 3-6　某知名酒厂的验收工作规程

工艺规程	1. 验收、取样
一、设备、工具　　酒杯、陶坛、取样杯、取样桶、取样瓶、气相色谱。	
二、规程　　1. 解开陶坛，用简易搅拌器进行搅拌。　　2. 验收人员根据各个等级酒的风格、特点进行感官尝评，并根据尝评结果定出等级（特级、优级、一级、二级）。	

续表

工艺规程	1. 验收、取样

3. 根据所定等级按特级、优级、一级、二级，在坛子上面标注清楚各个等级的生产批号、日期等，同一等级的逐坛定量取样，取好样后搅拌均匀进行装瓶，并在瓶外壁标明类别。

4. 对每个类别的综合样进行理化分析。

5. 要求

（1）尝评用的酒杯必须用清洁水洗净再用，保证所用酒杯无异杂气味，杯净无水滴、无垢迹现象。

（2）验收人员要公平公正，对工作认真负责。

（3）取样前，应将取样瓶清洗干净，滴尽瓶内水滴并于装瓶前用酒样润洗。

（4）取样必须由专人负责。

（5）取样及运输途中一定要轻装轻放，不得损坏。

（6）各类酒运送至色谱室一定要核对准确。

工艺规程	2. 称重、测量浓度，转移贮存

一、设备、工具

量杯、量筒、温度计、酒精度计、台秤、棉布、PE 材料塑料薄膜、松紧带、粉笔等。

二、规程

1. 收酒时，保管员每天将不同等级酒分别称重入坛，并做好原始记录（台账）。

2. 每月收酒后，保管员取每个等级的综合样量度。

3. 每月原酒验收后，酒库负责人要及时安排库工按调味酒、特级、优级、一级、二级逐坛转到指定区域贮存。

4. 每坛酒转完后都须将酒坛密封好，下层用棉布，上层用 PE 材料塑料薄膜盖住坛口，盖好后用松紧带将坛口扎紧。

5. 新酒按类别转到指定区域后须用卡片或粉笔标示清楚。

6. 要求

（1）转酒时必须核对每坛的等级标号。

（2）分类入库的酒转移到指定地点贮存，以备复查检验。

（3）相应的台账的数据包含（浓度、等级、重量，生产时间、批号等）再次核查，确保无误。

三、品评原酒

1. 酒样准备工作

准备品评五粮液和泸州老窖或者四川当地中型白酒厂的酒头、前、中、后段及尾酒，分别记录不同等级的浓香型原酒的感官特征。

2. 相关知识

（1）品评前需考虑的要素

①分级标准：根据生产的实际，结合成品酒酒体设计和新产品研发的战略

规划的具体需求确定等级。

②摘取数量：视酒醅发酵的窖池、层次、质量，确定各级原酒摘取的数量范围。

③感官描述：确定各级原酒的感官质量评语，简单容易记、通俗易懂好沟通。

④感官理化权重：感官为主，理化为辅，感官与理化相结合。

⑤酒精浓度：确定各级原酒的酒精浓度范围。

⑥理化指标：主要理化指标要求等。

（2）认识原酒的感官质量特征

①影响原酒质量的因素

a. 原料：单一原料、多种原料及原料产地、结构、品质。

b. 工艺：工艺条件不同微生物代谢产物的绝对量和比例也不同。

c. 环境：地域、气候、气温、水质、土壤等。

d. 设备：厂房、设备、场地、窖池、工具等。

e. 操作者：身体生理因素、检出与鉴别能力等。

②原酒的感官质量特征

辛、辣、冲、怪、杂：刚蒸馏出来的新酒的特征，低沸点物质（醛、烯、炔类及硫化氢等）较多，分子之间缔合度低，新酒的刺激性、辛辣味和怪杂味较为突出。

香、浓、醇、甜、净、爽：由于影响原酒质量的因素太多，香、味、格个性表现非常突出。

青、嫩、泥、呕、乳、闷、糊、醛、霉、腥、苦、涩：由于生产工艺控制和管理等失控等因素，使浓香型酒特别容易出现香不正、味不净或风格偏离等质量问题。

【步骤二】原酒的分级入库（以浓香型为例）

一、操作

（1）准备未知的四个等级的五粮液和泸州老窖或者四川当地中型白酒厂原酒。

（2）通过品评四个等级的浓香型原酒，对原酒进行分级。

（3）处理有杂味的原酒。

二、相关知识

1. 原酒分级入库

由于各香型、各厂家的工艺不同，要求不同，半成品酒入库分级也各不相同，多粮酒分级入库为六个档次：

（1）酒头　双轮底酒头与糟子酒酒头分摘，每甑取 1kg 左右，酒度在 65%vol 左右，贮存于陶坛，一年后备用。酒头中含有大量的芳香物质，低沸点成分多，主要是一些醛类、酸类和一些酯类，所以刚蒸出来的酒头既香，怪杂味又重，经长期贮存，酒头中的醛类、酸类和其他杂质发生了变化，一部分挥发，一部分氧化还原，使酒头成为一种很好的调味酒，它可以提高基础酒的前香和喷香。

（2）双轮底酒　占产量 10%，这里又分为特殊调味酒（多轮次发酵）和一般调味酒。酒精度 73%vol 以上，己酸乙酯 5g/L 以上，个别达 10g/L 以上，这类酒酸、酯含量高，浓香、糟香、窖底香突出，口味醇厚但燥辣。双轮底糟蒸馏时通过细致的量质摘酒，可以摘出不同风格的优质调味酒，如浓香调味酒、醇香调味酒、醇甜调味酒、浓爽调味酒等。这些酒通过一定的贮存，在调味过程中，能克服基础酒中的许多缺陷，可使成品酒窖香浓郁、醇厚绵甜、丰满细腻、余香悠长，要根据基础酒的具体情况，恰当使用。

（3）优级酒　占产量的 30%，酒度 68%vol 以上，己酸乙酯在 2.8g/L 左右，由于是前馏分酒，乙酸乙酯略偏高，乳酸乙酯偏低，口感是香正、味浓，并且有香、甜、爽、净的特点，作为高档酒的基酒备用。

（4）一级酒　占产量的 60%，酒精度 65%vol 以上，己酸乙酯在 1.5g/L 左右，总酸及乳酸乙酯偏高，口感醇厚，味净、微涩感，作为带酒或新型白酒的勾调。

（5）二级酒　在摘二级酒的同时，可摘部分稳花酒，酒度在 65%vol 左右，酸度、乳酸乙酯偏高，高沸点成分丰富，口感醇厚，味较净。贮存一年后，作为调味酒备用，主要调酒的后味，这档酒并不是每班次都摘，根据勾调需要，随时安排。

（6）细花酒或者酒尾　选用双轮底酒醅蒸出来的酒尾作为调味酒用，酒精度 45%vol 左右，贮存一年后备用，而一般的用于新型白酒的勾调或回蒸，细花酒和酒尾中含有较多的高沸点香味物质，如有机酸及酯类含量较高，杂醇油和高级脂肪酸含量高，可提高基础酒的后味，使酒质回味长而且浓厚。

2. 特殊的原酒与基酒——特级酒和调味酒

（1）特级酒　采用特殊酿酒工艺生产（特殊的发酵工艺条件和特殊的蒸馏摘酒方法），具有特别典型的风格和特别鲜明的个性特征的原酒，在某个方面或某些方面特别突出，具有良好的酒基，它是原酒中的精华酒，是调味酒的基础酒，可用于丰富和完善酒体的香和味或其他特殊用途。

（2）调味酒　具调味作用的精华酒：特级原酒或其他个性原酒经过陈酿老熟后，选择具有典型风格和鲜明个性特征的陈酒（基酒）经过组合调整而成，在酒体设计时主要用于丰富和完善酒体的香和味，解决基酒的某个或某些缺陷。

调味酒拥有自己的独特个性，根据其独特的风味特点，可将调味酒分为不同的类型，各类型的调味酒各自具有不同的感官特点。调味作用的原酒精华酒分为：酒头调味酒、酒尾调味酒、双轮调味酒、陈年调味酒、老酒调味酒、窖香调味酒、曲香调味酒和酯香调味酒等。

（3）调味酒与基酒（陈酒）的区别

①概念：调味酒是指具有某一或某几方面独特感官特性的酒。基酒（陈酒）是指具有某一级别酒感官特性的酒。

②时间：调味酒与基酒（陈酒）都经过了"陈酿"或"老熟"过程，调味酒的陈酿老熟时间更长。

③感官风格：调味酒具有特香、特浓、特陈、特绵、特甜、特酸、曲香、窖香突出、酯香突出等独特风格，不一定是一个完美的酒，可能存在其他方面有不足。基酒（陈酒）经过了较长时间或长时间的老熟，"新酒味"完全消失，感官上往往有很大改善或更加完美，如香气更柔和、味道更绵软、更浓厚、更谐调等。基本风格已经具备，还存在某些方面的不足或缺陷。

④用途：调味酒的使用是利用其独特优点，如特陈、特酸等，达到提高、突出成品酒某方面的优点，或消除、改善成品酒相应方面的不足。基酒（陈酒）尽管感官上有了明显的改善，但不一定能作调味酒使用，其主要的作用还是为成品酒提供良好的感官基础。

⑤用量：调味酒使用量少，但作用大（起到"画龙点睛"的作用或"四两拨千斤"的作用）。基酒（陈酒）使用量大或较大，可以根据需要，将陈酿时间长的与陈酿时间短的配合起来使用，寻找平衡，使成品酒具有连续的稳定性基础。有时基酒（陈酒）也可作为调味酒使用。

（4）调味酒与基酒（陈酒）主要鉴别方法　通过感官品评进行鉴别更能反映其质的区别。原酒和陈酿酒在理化指标上很难区别，主要原因是：即使是同一香型的原酒也会因为生产工艺、地理环境等因素，造成其风味物质含量、量比关系的很大区别，尤其是众多微量成分难以量化或量化的误差较大，从而造成风味变化的复杂性。

（5）基酒陈酿期间的变化　无论是原酒还是特级酒均为新酒，经过一定时间的陈酿，通过挥发和缔合作用的物理变化，以及氧化还原反应、酯化反应和缩合反应等一系列化学反应，可使酒中刺激性强的成分发生挥发、缔合、缩合、氧化、酯化、水解等变化；同时生成香味物质和助香物质，使酒达到醇和、香浓、味净等要求，对具有特点的原酒作为调味酒的候选对象，继续单独存放，并随时掌握其贮存变化。

3. 原酒的定级分类

（1）原酒的三大质量标准

①感官质量标准（色、香、味、格）。

②理化质量标准（酒精度、总酸、总酯、己酯或四大酯）。

③卫生质量标准（甲醇、氰化物、Pb、Mn、食品添加剂）。

（2）原酒的分类方法

①按色、香、味、格分：调味、特级、优级、一级或特级、优级、一级、二级。

②按馏分段落分：酒头、前、中、后段，尾酒、尾水。

③按发酵轮次分：一、二、三。

④按窖内层次分：上、中、下层，面糟、中层干糟、底层黄水糟。

⑤按窖龄分：老窖、新窖、中龄窖。

（3）定级并坛的方式

①量质摘酒分级（自检自定）：酿酒蒸馏时，摘酒工人根据流酒过程馏分的变化规律，通过感官判断，边摘边尝，对原酒按质量标准要求分段分级摘取。

②按质分级并坛（自检自定）：摘酒工人对原酒按质量标准要求，将可能符合某个质量等级标准的原酒并入对应等级的酒坛内。

③专业验收定级（专检专定）：通过品酒师感官品尝，将感官质量、风格相同或相近的原酒按各级原酒的感官标准判定为同一个级别，归为一类，以便于组合和陈酿。

（4）原酒的品评定级方法和原则

①现场直接逐坛品评（坛边直接逐坛品评、库内集中逐坛品评和多坛比较品评）：简单快捷的定级方法，定级后封坛待转运陈酿（或整坛转运单坛陈酿或转酒不转坛组合陈酿）。

②取样封坛集中品评：品评环境较好，干扰少，准确性较高，环节较多有一定的管理难度和风险，定级后封坛待转运陈酿（或整坛转运单坛陈酿或转酒不转坛组合陈酿）。

③原酒品评定级的原则：以感官品评为主，理化指标为辅；也就是说首先通过原酒品评员对原酒进行感官品评确定等级后，再根据理化、卫生指标情况，是否符合相应等级的质量标准，若理化指标不符应降级使用，若卫生指标不符应采取相应措施进行处理。

定级标准汇总表格如表3-7所示。

表 3 – 7 浓香型原酒各个等级感官标准

项目	特级原酒	优级原酒	一级原酒	二级原酒
色	无色（微黄）透明，无沉淀，无悬浮物			
酒精度	（≥68% vol）	（≥67% vol）	（≥65% vol）	（≥60% vol）
香	具有典型、突出、浓郁的以己酸乙酯为主体的五粮复合香气。曲香、粮香、窖香、糟香、水果香均有，各有特点	具有舒适、明显的以己酸乙酯为主体的五粮复合香气。有一定的曲香、粮香、窖香、糟香、水果香，有些突出，有些较弱	具有一定以己酸乙酯为主体的五粮复合香气，糟香较突出，醇香冲鼻，香闷	以糟香突出为主，附带一定的烟香
味	酒体香气优雅、醇厚丰满、绵甜净爽、回味悠长、老练感、成熟感强	酒体醇厚柔和、绵甜干净、后味长	酒体醇甜柔和、干净、爽口，后味短	酒体醇甜、味较净，后味短，酒体单薄
格	具有典型的五粮原酒风格，有特点	具有突出的五粮原酒风格	具有五粮原酒固有的风格	浓香风格较明显

三、其他香型白酒的原酒分类、分级简要知识

1. 酱香型白酒

酱香型白酒生产工艺特点为三高两长。三高即高温制曲、高温堆积、高温馏酒。两长为：基酒生产周期长：同一批原料要经过九次蒸煮、八次发酵、七次取酒，历时一年；大曲贮存期长，大曲要经过六个月贮存方能进入白酒生产；基酒酒龄长：基酒必须经过三年以上的贮存陈化经过挥发、氧化、缔合以及酯化的过程，消除酒中有害物质，提高酒的品质。新酒出来后，为确保"盘勾"这个特殊的酱酒贮存工艺，必须入库后进行分级：首先分为大众酒和调味酒、回蒸酒三个等级，然后再细分。

（1）大众酒的分级

大众酒略占产品的 80% 以上，分为优级、一级、二级。

优级：微黄透明，酱香突出，芳香浓郁，幽雅细腻，醇厚丰满，回味悠长，空杯留香持久。

一级：微黄透明或无色透明，酱香突出，幽雅细腻，醇厚谐调，空杯留香久。

二级：微黄透明或无色透明，酱香明显，醇甜谐调，回味较长，有空杯留香，香弱。

（2）特殊工艺生产的酱香型调味酒分级见表3－8。

表3－8　酱香型调味酒等级划分标准

项目 等级		外观	香气	口感
典型酱香		无色（或微黄透明），无杂质	酱香突出，芳香舒适	醇和、细腻、净爽、味悠长
窖底香	优等品 （双轮）	无色（或微黄透明），无杂质	窖底浓，带酱香，曲香	浓厚、绵甜、后味净爽
	一等品	无色（或微黄透明），无杂质	窖香较浓，带酱香，曲香	醇甜，后味较爽净，略酸涩
窖面酱香		无色（或微黄透明），无杂质	酱香典型	醇厚、丰满、味长，细腻
其他香调味酒		无色（或微黄透明），无杂质	其他香突出	特甜、特酸、特爽

2. 小曲清香型白酒的分级

小曲清香型白酒在我国众多白酒香型中占有很重要的位置，它的酿制方法也是非常独特的，它的代表酒有传统川法小曲酒，云贵川等地均采用此法酿造，年产量约占全国白酒总产量的五分之一，20世纪90年代，由于酿酒原料采用本地高粱和玉米，就地生产，就地销售，一个月生产的酒，当月就销售，无需贮存，资金周转快，效益高，条件落后始终不能保证质量。随着社会的经济发展，当地的小作坊变成了规模型的企业，消费者的追求不再是量，更注重口感和品质，很多酒厂在提高自身生产技术水平的同时，建立了自己的质量体系。国家在2006年和2011年相继出台了GB/T 10781.2—2006《清香型白酒国家标准》、GB/T 26761—2011《小曲固态法白酒国家标准》后，明确规定了清香型白酒必须分级。现今，小曲清香型白酒厂在质量管理体系中提出了新酒的分类入库、定级贮存，合理勾调这些质量管理规定。

（1）其风格特色可总的概括为"无色透明，粮香、糟香舒适，清香纯正，醇和回甜，余味爽净"。具有以乙酸乙酯、乳酸乙酯为主体的纯正清香和固态发酵、甑桶蒸馏的特有糟香。其特点是酸酯平稳，高级醇含量比其他清香型酒含量高，并具有较多的低碳酸，特别是乙酸和乳酸的含量较多，它的多种酸是构成该酒香味特色的重要因素。

新酒入库后，分为调味酒、优级基础酒、一级基础酒，见表3－9。

表 3 – 9 清香型白酒质量等级划分标准

项目	调味酒	优级原酒	一级原酒
色泽和外观	无色或微黄透明，无杂质和沉淀		
香气	清香优雅、粮香复合，带特殊的酯香等其他香味，香浓郁	清香纯正，有粮香，糟香突出	清香较纯正，糟香突出，香闷或者香弱
口味	绵长、醇厚、后味甜，味厚长，净爽	入口醇和，绵甜爽净，余味较长	酒体较柔和协调，后味欠净，糙辣、酸涩，有余味
风格	风格特殊，典型，突出	具有清香型酒固有风格	清香风格较突出

清香白酒调味酒的分类如下：

高酯调味酒：可采用生香活性干酵母与粮醅堆积发酵，并适当延长发酵期，以生产出以乙酸乙酯主体的含量较高的蜜香、水果复合香调味酒。

酒头调味酒：选择那些酯含量较高的酒头，贮存一年后使用，以提高酒的前香和喷头。

绵甜调味酒：从贮存期较长的酒中（一般不低于 4 年），选择出酒质特别纯正、醇和、绵甜、后味回甜长，既能调味，也能调香，同时还能调整和改善基础酒的风格，达到更醇正。

（2）川法小曲白酒的风味特点

酒精度要求：随着蒸馏技术的提高，清香型原酒从原来的 57% vol 入库要求，改为了 65% vol 左右的入库要求，特殊调味酒达到了 69% vol。

酸类物质：小曲清香型酒中各种酸的含量比较多，除乙酸、乳酸以外，还有丙酸、异丁酸、丁酸、戊酸等，还有少量的庚酸。含酸量一般在 0.6 ~ 1.0g/L，是构成该酒香味特色的重要物质，小曲酒主要特征就是酸甜味明显。

醇、酯、醛类物质：高级醇总量高，约在 2g/L 左右，尤其是异戊醇含量占 50% 左右，正丙醇、正异丁醇在 25% 左右，高级醇与乙醇的适当比例，形成了优雅的糟香来源；酯类物质主要是乙酸乙酯为主，乳酸乙酯为辅，这与老白干香型白酒、米香型酒恰恰相反，形成了清香优雅的风格特征。很多川内清香型白酒被形容成为米香型白酒，主要原因为：川法小曲白酒中，2，3 – 丁二醇的含量比较高，并含有适量的 β – 苯乙醇，形成了特殊的玫瑰芳香。

掌握清香型白酒的香味成分，利于后期的酒库贮存管理工作，比如需要把酱香型白酒的酸涩味风格略加改变，达到酸中带醇甜，可以用小曲清香型调味酒进行调味处理。

四、学生原酒品评实践操作

1. 酒样准备工作

准备品评五粮液和泸州老窖或者四川当地中型白酒厂的酒头，前、中、后段及尾酒，分别记录不同等级的浓香型原酒的感官特征。

2. 品评前需考虑的要素

（1）分级标准　根据生产的实际，结合成品酒酒体设计和新产品研发的战略规划的具体需求确定等级。

（2）摘取数量　视酒醅发酵的窖池、层次、质量，确定各级原酒摘取的数量范围。

（3）感官描述　确定各级原酒的感官质量评语，简单容易记，通俗易懂好沟通。

（4）感官理化权重　感官为主，理化为辅，感官与理化相结合。

（5）酒精浓度　确定各级原酒的酒精浓度范围。

（6）理化指标　主要理化指标要求等。

3. 结合生产实际、联系影响原酒质量的因素进行思考分析

（1）原料　单一原料、多种原料及原料产地、结构、品质。

（2）工艺　工艺条件不同微生物代谢产物的绝对量和比例也不同。

（3）环境　地域、气候、气温、水质、土壤等。

（4）设备　厂房、设备、场地、窖池、工具等。

（5）操作者　身体生理因素、检出与鉴别能力等。

4. 原酒的感官质量特征

辛、辣、冲、怪、杂：刚蒸馏出来的新酒的特征，低沸点物质（醛、烯、炔类及硫化氢等）较多、分子之间缔合度低，新酒的刺激性、辛辣味和怪杂味较为突出。

香、浓、醇、甜、净、爽：由于影响原酒质量的因素太多，香、味、格个性表现非常突出。

青、嫩、泥、呕、乳、闷、糊、醛、霉、腥、苦、涩：由于生产工艺控制和管理等失控等因素，使浓香型酒特别容易出现香不正、味不净或风格偏离等质量问题。

5. 品评原始记录和打分

品评原酒，需要做到感官品评结合文字记录，做到规范，如可以参考下列表 3 − 10 形式进行白酒品评记录。

表 3 – 10 白酒品评表

第　　　组　　　轮　　　　　　日期：　　　　　品酒员：

项目	杯号及打分	满分	1#	2#	3#	4#	5#
色（5分）	清亮透明	3					
	无色微黄	2					
香（20分）	纯正幽雅度	15					
	陈香	5					
	有无异香	5					
味（60分）	绵甜度	10					
	醇厚丰满度	10					
	柔顺、味长度	10					
	爽口干净度	10					
	味的谐调度	10					
	有无异味	10					
格（15分）	突出典型性	10					
	特色	5					
得分情况（总分100）		100					
质量排序							

总体点评	1	
	2	
	3	
	4	
	5	
	6	

（检查与评估）

一、任务实施原始记录表

分级情况香型	特级	优级	一级	二级	品评记录要点
浓香					
酱香					
小曲清香					

二、考核评估

序号	考核项目	满分	考核标准	考核情况	得分
1	实习纪律	10	严格遵守实训实习纪律，服从辅导教师和相关人员的管理，无迟到、早退、旷课等现象，迟到一次扣3分，旷课一次扣10分，早退一次扣5分，着装不规范扣5分		
2	安全教育	10	熟悉白酒生产基地及酒厂的安全操作规程，认真落实安全教育，衣着、操作符合厂方规定，违反一次扣5分		
3	实训项目考核	50	每个单项目进行考核，每人顺利完成浓香型、酱香型、清香型白酒的验收分级入库得满分，否则扣5~50分		
4	现场提问	30	对本任务涉及的理论知识进行提问考核，回答基本正确扣1~25分，回答错误不得分		

三、思考与练习

1. 基酒和调味酒的区别是什么？
2. 原酒的分类方法有哪些？
3. 原酒并坛分类的方式有哪些？
4. 原酒品评定级的方法和原则是什么？
5. 如何对酱香型白酒和清香型白酒进行定级？

项目四　白酒贮存中后期的日常管理

学习目标

知识目标

1. 掌握原酒贮存过程中复评、筛选、勾调相关工作要求。
2. 掌握贮酒过程中的数据统计分析和勾兑计算。
3. 学习科学的酒库运行设备管理、温湿度管理相关知识。
4. 掌握贮酒库区的安全隐患，防火、防盗、防爆等管理工作。
5. 在生产过程中，学会合理降度贮存管理。

能力目标

1. 能进行贮存容器检查与评价，发现安全隐患，制定贮存安全规则。
2. 具备酒库所有日常工作的能力。
3. 熟悉白酒贮管理相关文件和标准，能制定和修订酒库贮存管理文件。
4. 具备贮存容器检查与评价和酒库环境设计的能力。

项目概述

　　为了让学生掌握酒库管理方面的理论知识和操作技能，我们讲授酒体的复评、筛选、勾调相关工作要求，举例进行勾调运算和数据统计，讲述酒库的安全隐患发生情况，白酒降度贮存的酒体质量变化，然后让学生结合理论知识进行实际操作，在以后的工作中能遵循相关酒库安全工作，具备制定合理的安全管理文件的能力，能提出酒库科学化、合理化、先进化的管理建议。

【任务分析】

本项目重点以浓香型白酒为例，根据企业贮酒车间的实际工作经验，论述最安全、科学的酒库管理经验，能从学会白酒品评、追溯生产车间的产品质量问题，上升到一定的企业管理、生产经营管理中去；学生循序渐进，通过将理论知识应用到实际操作，使学生实现上述的知识目标和能力目标。

【任务实施】

任务一　贮存过程中的复评、筛选、勾调

【步骤一】自然老熟或者人工老熟后的复评

1. 浓香型白酒的复评、筛选、勾调

盘存核查：在贮存过程中，定期进行白酒盘存工作，查找贮存时间达到企业标准的每一批次原酒，在贮存容器上进行核实，核实挂卡标明的入库日期、质量等级、口感风格描述、微量成分含量、盛酒重量和酒精度等内容，核实无误。

根据半成品酒的等级要求进行感官品评、理化检测、色谱分析，达到要求后，确定其质量等级，以某浓香型名优酒厂对半成品酒复评控制标准为例。

感官标准见表4-1。

表4-1　感官标准

项目	特级酒	优级酒	一级酒
色	无色（微黄）透明，无沉淀，无悬浮物		
香	具有典型、浓郁的己酯为主体的五粮复合香气、陈香舒适	具有舒适、优雅的己酯为主体的五粮复合香气、陈香幽雅	具有优雅的己酯为主体的五粮复合香气、有陈香
味	酒体醇厚丰满、绵甜净爽、后味悠长	酒体醇厚柔和、绵甜干净、后味舒爽	酒体醇甜柔和、味干净、后味较长
格	具有典型的五粮原酒风格	具有优雅的五粮原酒风格	具有五粮原酒固有的风格

理化标准见表4-2。

表 4 - 2　理化标准

项　　目	特级酒	优级酒	一级酒
酒精度	≥65% vol		
总酸/（g/L）	≥0.8	≥0.6	≥0.5
总酯/（g/L）	≥2.5	≥2.0	≥1.8
己酸乙酯/（g/L）	2.8～3.2	2.2～2.8	≥1.5
乳酸乙酯/（g/L）	1.1～2.2	1.2～2.2	1.2～2.0
乙酸乙酯/（g/L）	1.3～1.7	1.2～1.6	1.1～1.5
丁酸乙酯/（g/L）	0.3～0.5	0.25～0.40	0.20～0.40
固形物/（g/L）	<0.4		
甲醇/（g/L）	<0.4		
铅/（mg/L）	<1		
氰化物（以 HCN 计）/（mg/L）	<8.0		

　　对浓香型白酒贮存时间的确定，没有严格意义上的区分，不同容器、容量、室温、贮存条件，其贮存期也应有不同，不能孤立地以时间为标准，因此，应该在保证质量前提下，确定合理的贮存期，另外也可通过人工老熟方法来缩短贮存时间，这对降低成本、加速资金周转及节约劳动力都有重要意义。一般来讲，规模产量达到 5 千 t 以上的白酒企业，陶坛库多，容量大，陶质容器贮存至少达到 8～12 个月，经感官品评，把口感、风格描述一致或相近且质量等级相同、理化指标符合一个等级的酒，合并在容积较大的不锈钢容器中再贮存备用。空出的陶坛备用装新酒。很多酒厂在转酒过程中，采用不抽完的办法，目的是能实现老酒带新酒的老熟办法。历经不锈钢容器搅拌贮存 1 年左右后，才可以用于勾调环节的基础酒使用。

　　筛选：筛选工作是在复评这一工作流程中产生的，比如筛选一款口感绵柔的成品酒的基础酒，筛选调味酒等，在筛选工作环节挑选调味酒，可以节约工作量，提高工作效率，调味酒的贮存期可根据酒企发展需求适当延长，有些达到 10 年、20 年，使用后要及时选酒进行补充，最主要是用新酒进行补充。

　　不合格或不符合要求的处理：如自然贮存老熟或者人工老熟后，口感发生变化，不符合感官或者理化指标要求的，但达到下一级等级要求的，全部实行降级处理，不符合食品安全相关指标的，一律打入不合格品罐，进行重蒸、吸附、过滤等技术处理。

　　2. 酱香型白酒的复评、盘勾、筛选

　　盘勾工艺：是指把相同类别的酒归类后，转移到相同的地点或者酒罐进行贮存，"盘勾"是相对后面的精细勾兑而言的，相当于先分大组的粗略勾兑。这里"盘"有搬运、清点的意思，云贵川三地的当地俗语有"盘东西"，意即搬运的意思。

　　盘勾的作用：对入库1年半至3年的酒（刚刚转变有一点点老熟的时候）按各个轮次进行盘存；检验新酒贮存1年半至3年后的质量感官变化，感官质量达不到要求的，不参与盘勾；统一各次别酒体的感官质量和理化指标，为以后勾兑打好基础；使酒在搬运转移过程中，充分与空气中的氧接触，通过搅拌加速酒体分子之间的运动，使酒体中低沸点物质加速氧化和挥发，加强缔合反应作用，提高老熟的速度。

　　盘勾的主要方法：闻香为主，理化分析为辅。

　　酱香型白酒在盘勾过程中发现的香味物质变化趋势见图4-1。

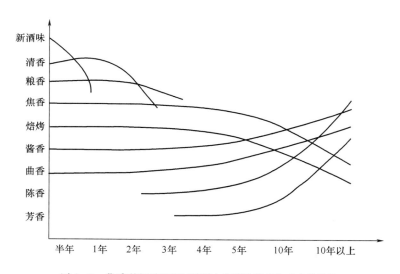

图4-1　酱香型白酒在盘勾过程中发现的香味物质变化趋势

　　盘勾工作可以按照上图的香味物质大致变化方向进行比较全面的系统判断，如需要进一步确定，可在酒坛上面进行标注，等待复查，或者取样送理化分析室进行理化指标检测，进一步确定酒的等级，这样可以较大地提高工作效率。

　　酱香型调味酒的筛选：在盘勾过程中，对生产车间生产的调味酒贮存2~3年后进行进一步的感官质量鉴定，新酒脱新后，感官质量判断更加准确，调味酒在勾调过程中起到举足轻重的作用，由于具有酱香突出、细腻馥郁、香味协调的特点，特定的调味酒能提高基础酒的酱香典型性并弥补和平衡酱香香气风格，其酱味浓厚、酒体丰满、回味悠长的特点，能增加基础酒的醇厚感和丰满度。和浓香型白酒一样，使用后要及时选酒进行补充，最主要用新贮存中复评出的调味酒和盘勾的基础酒进行补充。

【步骤二】浓香型白酒的组合和勾调

一、小样勾调操作

（1）确定公司下达的勾调任务，包含常规工作任务和临时性工作任务。常规性工作任务，由副总经理批准即可实施。临时特殊性工作任务，必须总经理签字确认后方可下达勾调任务，任务单包含以下信息：确定要组合的成品酒等级、数量，浓度要求，口感要求，指标要求等。

（2）选择酒源，结合库存酒源情况及勾调需求选取合适的酒源（基础酒、大众酒、带酒、搭配酒等）。

（3）取样，对选好的酒源进行取样并在取样瓶上标识好各种酒的数量及所占用的容器具的标号。

（4）小样组合，根据本等级酒的勾调技术参数及所取酒样进行小样组合。

（5）勾调人员将本次组合的小样和该等级酒的标样进行比对，达到质量要求后方能确定该次调酒配方。

（6）对确定配方后的小样进行理化分析。

（7）达标后，送公司评酒小组评定，尝评小组需要确定的是：酒体设计风格是否一致，成本是否超出预算，与上期酒体比较情况等。

（8）勾调人员选择酒源时，尽可能选不同贮存时间的酒，不同发酵期的酒，新窖酒和老窖酒，热季酒和冷季酒，注意各种糟醅酒的合理搭配使用，保持平衡。

二、大样组合

（1）勾调室按照达标的小样配方向酒库出具调酒配方。

（2）酒库负责人根据配方合理安排库工将各类别酒按照数量转入本次调酒酒罐。

（3）转酒完成后根据小样的调味酒比例对大样进行首次调味处理。

（4）大罐酒搅拌均匀后取样送质检部门检验。

（5）等检验结果出来的同时，对比大小样是否基本一致。

（6）质检部门分析达标后，进行初过滤处理，即完成大样勾调工作。

（7）大样勾调完成后，取样送公司尝评小组、质管部、总经理办公室审定。

（8）合格后转入成品库，贮存等待精滤、再次调味、灌装。

任务二　酒库数据统计、勾调计算管理

酒库管理过程中，涉及的数据统计管理内容很多，具体工作有：定期对酒库所有原酒进行盘点清仓，做到账、物、标识卡三者相符。会进行酒精浓度的测量，勾调过程中标准酒度折算方法，能进行酒体勾调和酒体设计比例运算，积极配合财务部门做好仓库库存的盘点、盘亏的处理及调账工作，保证库存报表的上交时间和数据的准确性、真实性。每日需要做的报表有：入库表、出库表、库存表等，入库要及时登账，手续检验不合要求不准入库；出库时手续不全不发货，特殊情况须经有关领导签批。做到以公司利益为重，爱护公司财产，不监守自盗等。

【步骤一】酒库数据统计分析

贮酒库每日的数据工作主要是和数量、等级、浓度打交道，需要做的具体工作主要是填写工作报表和登记台账入册，具体表格见表4-3，表4-4，表4-5，表4-6。

表4-3　新酒当日生产入库单

新酒当日生产入库单

日期：　年　月　日　　　　　　　　　单位：　kg（原度）

数量	等级	入库地点和相应坛号	备注
	特级		
	优级		
	一级		
	二级		
合计			

酿酒车间工段号：	班、组：
班长签字：	酒库保管签字：

表4-4　定坛定量台账

定坛定量台账

入库贮存地点和相应坛号：　　　　　　　　　　　　车间　班　组

入库日期	入库数量（原度）	入库数量（折合标准度）	评定等级以及感官评语备注
合计：			
酒库保管：		品评/质检人：	

表4-5　月度生产报表

月度生产报表

车间浓香/酱香	班组名称	等级				合计
		特级	优级	一级	二级	
	一班					
	二班					
	三班					
	四班					
	五班					
	六班					
	七班					
	……班					
合计：						

质量管理部：

品评小组负责人：

贮存车间主任：

表4-6 季度综合统计分析表

综合统计分析报表

项目	等级		数量	同比	环比	累计	当月计划	完成计划比例
原料投产情况	粮食							
	曲药							
	辅料							
产出	调味酒							
	特级							
	优级							
	一级							
	二级							
	不合格品							
	其他							
勾调	半成品勾调	高档						
		中档						
		低档						
		其他						
	成品勾调	高档						
		中档						
		低档						
		其他						
出售	品种1							
	品种2							
	品种3							
	品种4							
	品种5							
库存								
产酒率								

工作目的和要求：贮酒工作的数据统计和分析，一定要做到实事求是，原始票据和记录保存完好，养成日常工作记录的良好习惯，计算仔细认真，账与实物相符。

【步骤二】白酒酒精度、数量的统计、勾调计算

白酒酒精度的计算是酒库工作人员必须掌握的基本知识，以简易的方法进行快捷的生产计算，可以提高工作效率。

1. 酒精度的粗略计算

当没有"酒精计温度/浓度换算表"的时候，可以进行比较准确的粗略酒度测量，实验为：将白酒取 1000mL 注入量筒中，仔细观察读取置于酒液中的温度计和浓度计，记录数据后，因酒精度为折合标准的 20℃，粗略计算方法就是：白酒温度高 3℃，酒度减少 1% vol，白酒温度低 3℃，酒度增加 1% vol 进行计算。

实例1：入库白酒测定酒度 65.4% vol，温度为 23℃，则实际酒度为 64.4% vol。

实例2：入库白酒测定酒度 64.6% vol，温度为 17℃，则实际酒度为 65.6% vol。

应用上述方法测定 38% ~65% vol 的白酒，一般误差在 0 − 2% vol 左右，但如果温度超过 20℃ ±8℃ 的话，误差会变大。

2. 标准浓度的计算、 折算方法

入库的原酒度是进行称重入库，每日生产的酒浓度高低不同，酒精度差异明显，行业标准都是进行折合标准度进行统计，浓香采用的是折合 60% vol，酱香采用的是折合 53% vol。

公式如下：

$$折算系数 = 原度酒所在浓度相应的质量分数 ÷ 标准浓度的质量分数$$

实例1：质量为 50kg 酒精度 67.8% vol 的浓香型原度酒，折合为酒精度 60% vol 的折算系数是多少？质量为多少 kg？

查表计算折算系数：60.0636% ÷52.0879% = 1.1531。

折合为 60% vol 标准酒度的质量；50kg × 1.1531 = 57.655kg。

上面的加浆系数也就是高度酒折合低度酒的折算系数，因为原酒里面的酒精净含量不会变，运用的是质量守恒原理。

实例2：48% vol 酱香型白酒，折合标准度 53% vol 的折算系数是多少？

查表得：40.5603 ÷ 45.2632 = 0.896098

实例3：实际生产销售以及成本核算运用中，经常遇到不同酒精度的单价换算问题。例如：60% vol 白酒优级成本价格为 5.8 万/t，客户需要 52% vol 的酒，成本为多少元？

成本 = 5.8 万/t × （52% vol 白酒质量分数 ÷60% vol 白酒质量分数） = 4.934 万元/t

注释：质量分数：一定重量的原度酒里面含有的纯酒精重量 ÷ 原度酒的重量 ×100%

体积分数：一定体积的原度酒里面含有的纯酒精体积÷原度酒的体积×100%，体积分数即是酒精浓度，单位为%vol。

质量分数与体积分数、密度的关系对应表将在附录中附上，以供学习和参考。

3. 酒精度调高计算

在生产销售过程中，有时候需要把原来的低度酒提高浓度，升级为另外一款产品，

公式为：

加高度酒量（V）=（要求酒度－低度酒酒度）÷（高度酒酒度－要求酒度）

×原来酒的数量

实例：有45%vol白酒1000L，用相同等级的71%vol原度酒提高到48%vol，需要原度酒多少升？

加高度酒的数量=（48－45）÷（71－48）×1000=130.43L

4. 不同酒精度的勾调计算

有两种相同等级但不同浓度的白酒，要求勾兑成为一定数量和要求酒精度的白酒，计算各需要多少量。

实例：有65%vol和52%vol两种白酒，要勾调成1000kg 60%vol的白酒，计算各需要多少千克？

答：查酒度与质量百分比对照表：可得质量分数如下：

65%vol=57.1527

52%vol=44.3118

60%vol=52.0879

高度酒重量=勾兑后所需重量×（勾兑后酒的重量百分比－低度原酒重量百分比）

÷（高度酒重量百分比－低度酒重量百分比）

需要65%vol酒重量=1000×（52.0879－44.3118）÷（57.1527－44.3118）=605.57（kg）

需要52%vol酒重量=1000－605.57=394.43（kg）

白酒常用酸，酯、醇、醛的换算系数及相对密度见表4-7。

表4-7　白酒常用酸、酯、醇、醛的换算系数及相对密度表

名称	系数	相对密度	含量的纯度%≥
甲酸	1.334	—	85.0
乙酸	1.000	1.0492	90.0
丙酸	1.8106	0.9920	99.5
丁酸	0.6811	0.9577	98.0
戊酸	0.5876	0.9391	99.0
己酸	0.5170	0.9290	98.0
庚酸	0.4912	0.9184	93.0

续表

名称	系数	相对密度	含量的纯度% ≥
辛酸	0.4163	0.9100	98.0
壬酸	0.3795	0.9052	99.0
乳酸	0.6666	1.2458	80.0
亚油酸	0.2157	1.2450	—
油酸	0.2126	0.8906	95.0
棕榈酸	0.2342	0.853	—
甲酸乙酯	1.1892	0.915 ~ 0.920	95.0
乙酸乙酯	1.0000	0.894 ~ 0.898	90.0
丙酸乙酯	0.8604	0.886 ~ 0.889	97.0
丁酸乙酯	0.7585	0.87 ~ 0.878	98.0
戊酸乙酯	0.6767	0.8770	98.0
己酸乙酯	0.6109	0.867 ~ 0.871	98.0
庚酸乙酯	0.5568	0.867 ~ 0.874	98.0
辛酸乙酯	0.5115	0.865 ~ 0.869	98.0
壬酸乙酯	0.4730	0.863 ~ 0.867	98.0
葵酸乙酯	0.4398	0.863 ~ 0.868	98.0
乳酸乙酯	0.7459	1.028 ~ 1.033	98.0
月桂酸乙酯	0.3856	0.858 ~ 0.862	98.0
油酸乙酯	0.2838	—	98.0
棕榈酸乙酯	0.3097	—	95.0
正丙醇	—	0.804	99.0
正丁醇	—	0.810	99.5
异丁醇	—	0.805	99.0
正戊醇	—	0.817	98.0
异戊醇	—	0.813	95.0
正己醇	—	0.804	98.0
正庚醇	—	0.830	—
β - 苯乙醇	—	1.024	99.0
乙醛	—	0.783	40.0
糠醛	—	1.156	98.0

续表

名称	系数	相对密度	含量的纯度%≥
双乙酰	—	0.981	—
醋䣈	—	1.011	—
2, 3 - 丁二醇	—	0.997	—

运用实例：总酸与总酯的粗略计算如下：

　　总酯（g/L）≈乙酯 +0.7585 丁酯 +0.6767 戊酯 +0.7459 乳酯 +0.6109 己酯

　　总酸（g/L）≈乙酸 +0.6811 丁酸 +0.5876 戊酸 +0.6666 乳酸 +0.5170 己酸

任务三　酒库运行的设备管理

白酒贮存管理中，不仅仅包括入坛和取出销售这2个环节，不是一成不变的，大型企业的贮酒车间，每天都有酒在不停地进入、转移、外出和调度。合理的管道设计，合理的酒泵配置，合理的机械通风系统和自动喷雾系统、万无一失的货运电梯，精准的流量计，可编程勾调工艺控制系统，液位显示计、不同的球阀、蝶阀、电磁阀等设备，如果没有很好的运行设备和良好的设备管理规范，贮酒库必将瘫痪，而且带来安全隐患。

【步骤一】管道的优化设计

管道的分区域大串联：整个酒库可以划分为五个独立的单位：①新酒验收暂贮酒库；②贮存年份酒、各等级的大型陶坛库；③不锈钢罐区；④勾兑车间；⑤包装车间。为提高效率，必须进行串联，管道的铺设最佳为4根，三根为不同的等级，一根为纯净水管道，另外必须铺设一根镀锌管进入污水处理站，用于清洗设备的排污使用。最终形成独立的分区系统，能独立运行或可跨区域任意连接其他贮酒区域，满足生产的各项工艺需求。

局部区域的自动连接勾兑管道系统：这一系统主要用于勾兑车间，主要采用各个罐体分散控制，设有一进一出一排污的三个管道，并连接空压机房，利用空气进行推冲清理，在计算机的可编程控制器控制下，不同等级的原酒和水，按照酒体勾调比例，自动启动酒泵，自动开启电磁阀门，经过勾兑管道的串联，集中调度管理，能实现自动关停、自动报警保护等功能。

残留的处理和空气搅拌管道的综合设计：每次抽酒完毕后，可以采用经过过滤处理的压缩空气进行冲、吹，把残留管道的酒或者纯净水冲出，还可以利用这些管道直接进入大型贮酒罐体，实现搅拌均匀的作用，也可以通过管道连接灌装机，实现自动灌装的空气阀门控制。

管道流体的控制，必须安装阀门，贮酒库经常使用的阀门有：不锈钢球阀、蝶阀、法兰连接球阀，自动程度比较高的有电磁阀、电动球阀、气动调节阀。

【步骤二】酒泵、流量计、刻度计的采购和匹配要求

流量为 30m³/h 的抽酒泵，应该配置 7.5kW 功率的防爆电机和小型的防爆电磁启动器，流量为 10m³/h 的抽酒泵配置 5kW 的防爆电机，流量为 5m³/h 的抽酒泵配置 2.5kW 的防爆电机。每个防火分区的陶坛库，大约 150m² 配置 1 个防爆酒泵插座和 2 个 25W 的防爆照明灯，并在通道配置应急照明系统。

流量计：必须采用防爆型的涡轮流量计或者电磁流量计，实用性比较大的是涡轮流量计，测量精度能达到 ±（0.2%～0.5%），由于是采用转子的速度判断流量多少，优点为重复性好，便于安装，缺点是当抽进入空气后，准确率降低，计算时还得推算密度计算酒的重量。大型贮酒不锈钢罐，由于不透明，采用磁力翻板液位显示计或者超声波、雷达液位显示计进行测量计算酒液的高度，然后估算出大概容量。

设备的正确使用和保养：设备的使用，必须建立正确的操作手册，必须定期组织会同机电人员，进行设备的检验、检修、静电接地和避雷接地的检测等。

任务四　酒库温湿度管理

当把酒库归类为散酒库、半成品库、成品库后，贮存环境的要求在酒库管理中起到重要作用，GB/T 23544—2009《白酒企业良好生产规范》，对于酒仓库的温湿度做了一些要求，以确保入库以后成品酒不变质。保证酒库具有良好的仓储条件，达到酒库质量管理体系要求。

贮酒库的管理，就是要求受外界因素影响较小，温度、湿度相对稳定后，香味成分及乙醇和水的损耗也小，这样既有效保留了原酒中的有益微量成分，又保证了醇、酸、醛、酯之间的氧化和酯化的反应以及乙醇 - 水分子间氢键的缔合，也使得其他微量成分子间的缔合在相对稳定的自然状态下顺利进行，促使整个体系转换为一种相对静态的稳定的平衡体系，达到平衡常数均为常量的目的。再者，温湿度的变化对酒体的影响在当今的技术研究方面还处于起步阶段，做好管理工作和相应的记录工作，为以后的研究提供原始数据。

【步骤一】温湿度知识要点学习

要做好酒库温湿度管理工作，首先要学习和掌握空气温湿度的基本概念以及有关的基本知识。

（1）空气温度　空气温度是指空气的冷热程度。一般而言，距地面越近气温越高，距地面越远气温越低。在仓库日常温度管理中，多用℃（摄氏度）表示，凡0℃以下，在度数前加一个"－"，即表示零下多少摄氏度。

（2）空气湿度　是指空气中水汽含量的多少或空气干湿的程度。空气湿度表示方法主要有以下几种方法：

①绝对湿度：是指单位容积的空气里实际所含的水汽量，一般以克为单位。温度对绝对湿度有着直接影响。一般情况下，温度越高，水汽蒸发得越多，绝对湿度就越大；相反，绝对湿度就小。

②饱和湿度：是表示在一定温度下，单位容积空气中所能容纳的水汽量的最大限度。如果超过这个限度，多余的水蒸气就会凝结，变成水滴。此时的空气湿度便称为饱和湿度。空气的饱湿度不是固定不变的，它随着温度的变化而变化。温度越高，单位容积空气中能容纳的水蒸气就越多，饱和湿度也就越大。

③相对湿度：是指空气中实际含有的水蒸气量（绝对湿度）距离饱和状态（饱和湿度）程度的百分比。即在一定温度下，绝对湿度占饱和湿度的百分比数。相对湿度用百分率来表示。公式为：

$$相对湿度 = 绝对湿度/饱和湿度 \times 100\%$$

绝对湿度＝饱和湿度×相对湿度，相对湿度越大，表示空气越潮湿；相对湿度越小，表示空气越干燥。空气的绝对湿度、饱和湿度、相对湿度与温度之间有着相应的关系。温度如果发生了变化，则各种湿度也随之发生变化。

④露点：是指含有一定量水蒸气（绝对湿度）的空气，当温度下降到一定程度时所含的水蒸气就会达到饱和状态（饱和湿度）并开始液化成水，这种现象称为结露。水蒸气开始液化成水时的温度称为"露点温度"，简称"露点"。如果温度继续下降到露点以下，空气中超饱和的水蒸气，就会在商品或其他物料的表面上凝结成水滴，此现象称为"水池"，俗称商品"出汗"。此外，风与空气中的温湿度有密切关系，也是影响空气温湿度变化的重要因素之一。

酒库内外温湿度的变化从气温变化的规律分析，一般在夏季降低库房内温度的适宜时间是夜间10点钟以后至次日凌晨6点钟。当然，降温还要考虑到酒的特性、库房条件、气候等因素的影响。

【步骤二】人员工作职责划分和具体操作

1. 职责划分

（1）仓管员每日定期进行测量登记，应确保良好的仓储条件，达到酒库质量体系要求。

（2）仓管员应具备调节酒库温湿度的能力，当参数超出公司管理规定时，负责进行调节达标。

（3）仓管主任负责整个库区的规划和运行，定期进行监督检查仓管员的工作。

2. 酒库温湿度的控制与调节

（1）酒库温湿度的测定　测定空气温湿度通常使用干湿球温度表。在库外设置干湿表，为避免阳光、雨水、灰尘的侵袭，应将干湿表放在百叶箱内。百叶箱中干湿表的球部离地面高度为2m，百叶箱的门应朝北安放，以防观察时受阳光直接照射。箱内应保持清洁，不放杂物，以免造成空气不流通。在库内，干湿表应安置在空气流通、不受阳光照射的地方，不要挂在墙上，挂置高度与人眼平，约1.5m。每日必须定时对库内的温湿度进行观测记录，一般在上午8~10时，下午2~4时各观测一次。记录资料要妥善保存，定期分析，研究规律，以便掌握商品保管的主动权。

（2）控制和调节仓库温湿度是为了维护仓储商品的质量完好，创造适宜于商品贮存的环境，当库内温湿度适宜商品贮存时，就要设法防止库外气候对库内的不利影响；当库内温湿度不适宜商品贮存时，就要及时采取有效措施调节库内的温湿度。实践证明，采用密封、通风与吸潮相结合的办法，是控制和调节库内温湿度行之有效的办法。

密封，就是把商品尽可能严密封闭起来，减少外界不良气候条件的影响，以达到安全保管的目的。采用密封方法，要和通风、吸潮结合运用，如运用得当，可以收到防潮、防霉、防热、防溶化、防干裂、防冻、防锈蚀、防虫等多方面的效果。

密封保管应注意的事项有：

①在密封前要检查商品质量、温度和含水量是否正常，如发现生霉、生虫、发热、水淞等现象就不能进行密封。发现商品含水量超过安全范围或包装材料过潮，也不宜密封。

②要根据商品的性能和气候情况来决定密封的时间。怕潮、怕溶化、怕霉的商品，应选择在相对湿度较低的时节进行密封。

③密封材料必须干燥清洁，无异味。

④密封常用的方法有整库密封、小室密封、按垛密封以及按货架、按件密封等。

通风，是利用库内外空气温度不同而形成的气压差，使库内外空气形成对流，来达到调节库内温湿度的目的。当库内外温度差距越大时，空气流动就越快；若库外有风，借风的压力更能加速库内外空气的对流。但风力也不能过大（风力超过5级，灰尘较多）。正确地进行通风，不仅可以调节与改善库内的温湿度，还能及时散发商品及包装物的多余水分。按通风目的不同，可分为利用通风降温（或增温）和利用通风散热两种。

3. 检查

仓管员每天对酒库内的温度进行检查和记录；酒库温度应尽量保持在 10 ~ 30℃；当酒库温度高过允许的上限（38%）或者等于/低于允许的下限（0度），仓管员应在一个小时内通知仓库主管，要求采取措施，调整酒库温度；当酒库湿度超过允许的上限（85%），或者低于下限 40%，仓管员应在一个小时内通知酒库主管，要求采取适当的措施，保持酒库正常湿度；当酒库温度超出允许范围，酒库主管应在 24h 内将问题解决。

4. 记录

酒库温湿度记录表见表 4 - 8。

表 4 - 8　酒库温湿度记录表

日期：　　年　　月

适用温度范围：0 ~ 38℃
适用湿度范围：40% ~ 85% RH

日期	温度	相对湿度	正常或超标多少	采取措施调控	采取措施后	
					温度	相对湿度
1						
2						
3						
4						
5						
6						
7						
8						
9						
10						
……						
19						
20						
21						
22						
23						
24						

续表

日期	温度	相对湿度	正常或超标多少	采取措施调控	采取措施后	
					温度	相对湿度
25						
26						
27						
28						
29						
30						
31						

记录人：

任务五　降度贮存管理

20 世纪 70 年代中期，国家提出发展低度白酒的指导性意见。低度白酒的发展，初期的目的还是从提高企业的经济效应、节约酿酒用粮方面出发。随着人们生活水平的提高，最需要的是激发饮酒者的思想活性，饮酒者醉得慢，醒得快，低醉酒度概念，达到心旷神怡、爽心舒畅等感受，降度白酒的作用往有利于身体健康，促进白酒行业发展。现在市场上：8%～40% vol 的低度白酒遍地开花，悄悄地占领和扩大市场。那么，酒库贮酒管理过程中，有时需要进行基酒降度后贮存。降度工作首要学会使用反渗透纯水处理机，自己制备纯净水进行生产降度。

【步骤一】降度用水所需设备

（1）反渗透纯水处理器的设计依据产水水质：符合 GB 17323—1998《瓶装饮用纯净水》、GB 17324—1998《瓶装饮用纯净水卫生标准》，装置终端产水量分为小型设备 2t/h 至大型设备 15t/h。

产水标准：电导率≤10μS/cm，水质硬度达标，色度≤5，不得呈现其他异色，浊度≤1，无异味，异臭，无肉眼可见物。

外部材质最好选用卫生、无毒的优质玻璃钢及 304 不锈钢，内部材质为水质处理专用材质及进口海德能 RO 膜。

反渗透纯水处理机见图 4-2。

（2）流程说明

原水→原水箱→增压泵→砂滤器→碳滤器→阻垢器→保安过滤器→高压泵→RO 主机→纯水罐→灌装（划线部分可根据企业自身情况，自己进行制水贮存罐设计）

原水进入原水箱后，通过原水泵增压进入砂滤器，作用是去除水中悬浮

图4-2　反渗透纯水处理机

物、胶体、大颗粒杂质及部分水中微生物和部分铁、锰；进入炭滤器，主要去除水中有机物和所含余氯、异味；再进入阻垢装置，降低水的硬度，经过保安过滤器，阻截原水中的杂质。以上四道工序称为预处理，以保证 RO 装置的正常使用和达到一定的使用寿命。预处理后的原水经高压泵，进入 RO 系统，RO（Reverse Osmosis）反渗透技术是利用渗透压力差为动力的膜分离过滤技术，源于美国20世纪60年代宇航科技的研究，后逐渐转化为民用，目前已广泛运用于科研、医药、食品、饮料、海水淡化等领域。RO 反渗透膜孔径小至纳米级（$1nm = 10^{-9}m$），在一定的压力下，水分子可以通过 RO 膜，而原水中的无机盐、重金属离子、有机物、胶体、细菌、病毒等杂质无法通过 RO 膜，从而使可以透过的纯水和无法透过的浓缩水严格区分开来。最终进入净水罐，分流灌装作为酒加浆用水。

（3）设备特点　在砂滤和碳滤后，再阻垢、精密过滤，可有效保护膜，延长膜的使用寿命。

反渗透系统全部采用优质设备，性能优异可靠：优质不锈钢高压泵，美国进口海德能膜。预处理系统采用全自动、手动相结合操作运行，能有效地减少因杂质、胶体等累积物而造成的产水量和脱盐率下降等情况发生。

设置进口压力保护装置，保护高压泵的安全。开机膜自动清洗，数码时间控制。耐正压2.0MPa 的管道，保证膜的高压出水。PVC 管道耐压国标1.6MPa，膜最大压力 1.8MPa。全套系统实现自动化控制，只需要定时添加适量的再生盐即可。自动显示纯水电导率。采用立式多级不锈钢离心高压泵，运行性能稳定可靠。无水自动停机，压力低自动保护。

【步骤二】加浆降度

1. 白酒降度加浆计算

原酒贮存老熟后，经过勾调组合成为成品酒的过程中，需要进行降度后再贮存，酒库管理者需要掌握白酒降度加浆的计算方法。

（1）体积百分比计算法（不需查表，通常勾调小样采用）

加水量 =（原酒重量 × 原酒酒度）÷ 要求的度数 − 原酒重量

实例：设有 2.56t 62% vol 的白酒，要求降度为 52% vol，需要加入纯净水多少？

加水量 =（2.56 × 0.62）÷ 0.52 − 2.56 = 0.492（t 水）

（2）重量百分比计算法（此法精确，一般勾调大样采用）

加水量 = 原酒重量 ×［（原来酒度的质量分数 ÷ 降度后酒度的质量分数）− 1］

实例：设有 2.56t 62% vol 的白酒，要求降度为 52% vol，需要加入纯净水多少？

加水量 = 2.56 ×（54.0937 ÷ 44.3118 − 1）= 0.5651（t 水）

上面 2 种方法的差距比较大，这是由于酒的相对密度关系造成的，体积百分比计算法适合勾调小样时用，比如勾调 1～100kg，其优点在于不需要查表，只知道原酒量和酒精度就可以进行计算和配制加水了，这样的算法加水不易过大，留有余地，差多少，再进行补加水就能达标。如果进行数量巨大的勾调降度，需采用质量百分比计算法。勾调大样时，此法精确。

有时候需要直接把两个等级的酒按比例直接降度成为成品酒，计算各需多少酒和水。

低度酒质量 = 勾兑后的质量分数 ×（总重量 × 低度酒所占比例）÷ 低度酒质量分数

高度酒质量 = 勾兑后的质量分数 ×（总重量 × 高度酒所占比例）÷ 高度酒质量分数

水 = 总质量 − 低度酒质量 − 高度酒质量

实例：勾调 45% vol 白酒 50t，其中优级 68% vol，占 78%，一级 65% vol，占 22%，计算两种等级的酒和水各需多少吨。

答：查浓度对应的质量分数表，

68% vol——60.2733

65% vol——57.1527

45% vol——37.8019

需要 68% vol 优级酒 = 37.8019 ×（50 × 0.78）÷ 60.2733 = 24.46（t）

需要 65% vol 一级酒 = 37.8019 ×（50 × 0.22）÷ 57.1527 = 7.276（t）

需要加浆纯净水 = 50 − 24.46 − 7.276 = 18.264t。

2. 降度的方式方法

白酒是具有胶体性质的液体，其酒精分子与其他香味成分因醇溶性和水溶性特点，使降度后酒体发生较大变化，会使酒体不稳定，降度后酒体温度会瞬间升高，分子运动剧烈，络合、缔合、水解等的反应加大；也容易引起大分子水溶性物质溶出，变得浑浊，这些香味物质溶出后，经过过滤容易损失香味成分。所以贮酒期间合理选择酒源进行降度贮存，能有效保障中高端产品的质量稳定。

（1）直接降度法　实例为把 68% vol 的基础酒要降为 45% vol 的白酒，直接按照计算好的配方加水降度为 45% vol。此法缺点为直接降到低于 42% vol 的白酒时，要浑浊，要解决这一问题，可以先进行原度酒的精滤，然后再加水。

（2）梯度降度法　实例为把 68% vol 的基础酒要降为 45% vol 的白酒，分三次进行降度，第一次降为 60% vol，搅拌贮存一段时间后，再降为 52% vol，再搅拌贮存一段时间后，最终降为 45% vol。此法的优点为：能保留更多的香味物质，减少酯的水解。

（3）低度酒带高度酒法　实例为把 68% vol 的基础酒要降为 52% vol 的白酒，采用相同等级的 38% vol 降度酒，按一定的比例组合，变为 52%，此法偶尔也要加一定的水，加水控制量不超过 5%。此法的优点为，能保持原来基础的风味特征，酒体稳定，能迅速进行灌装，包装为成品酒。缺点为：不同批次的酒质有一定的差异。

浓香型白酒的降度贮存，变化规律依然是"酸增酯减"，酒体经过半年的降度贮存，能够形成稳定的酒体，酒中的高级脂肪酸和钙镁离子趋于平稳，并络合抱团，在这段时间过滤后可以直接灌装为成品，酒体稳定，香与味协调，粮香、陈香的复合香更加突出。

降度贮存占用较大的陶坛和酒罐的空间，利用率低，只适合用于中高端产品的工艺。酱香型白酒不适用于降度后的贮存。

任务六　酒库安全管理

众所周知，酒库在企业的定位是仓贮管理，半成品的深加工和甲类特级防火单位。但随着生产的发展和科技的推动，人们给酒库的定位发生了深刻的变化，已经走向了从粗放型的随意性管理到精准的环境安全设计和安全预防规范管理路线，一个白酒企业，85% 的资产在酒库贮存，要保管好、管理好酒库的原酒，企业和管理人员必须高度重视。

【步骤一】 相关的安全知识学习

事故发生的经验教训：近年来，随着酒厂生产规模的迅速扩大，昔日小作坊式的手工生产为机械化、半机械化的大规模工业化生产所取代，但由于国内外没有专门的酒厂防火技术规范，防火防爆技术仍然停滞在小作坊式的手工生产阶段，酒厂的防火防爆设计、消防设施设备的运行维护和日常的消防安全管理只能参照相关规范执行，加之管理不严或操作不当等原因，导致酒厂火灾、尤其是白酒厂火灾时有发生，且后果十分严重，成为影响该行业可持续发展的突出问题。据不完全统计，仅 1985—1990 年 6 年间，在我国最重要的白酒产区川黔两省就发生白酒火灾 27 起，死伤 48 人。2005 年 8 月 4 日四川宫阙老窖集团公司在向酒罐注酒作业过程中因静电放电引发白酒蒸气爆炸，这次火灾导致 6 人死亡，1 人重伤（送医后不治死亡）。泄漏的白酒和扑救火灾的泡沫液及消防用水在一定地域范围内造成了严重的环境污染。灾后工厂濒临倒闭，大批工人失业引发了不容忽视的社会问题。研究酒厂的防火防爆技术，对促进我国酒类行业的可持续发展是十分必要的。

白酒是易燃易爆液体，其主要成分是乙醇和水。乙醇闪点 12℃，爆炸浓度极限 3.3% ~19%，最小点火能量 0.21mJ，其蒸气密度为 1.6（相对空气 =1）。属甲类火灾危险性，在贮存、转运过程中发生的火灾屡见不鲜。

陶坛库水喷雾的灭火系统：水以细小的雾滴喷射到燃烧物表面，产生冷却、窒息、乳化和稀释作用。乙醇是白酒的主要成分，而白酒属水溶性液体，水可以用于扑救白酒火灾，不过直流水的冷却和窒息效果差，灭火效果差，射流可能导致陶瓷和玻璃容器破损，致使火势扩大。此外，应注意到白酒能溶解和吸收泡沫的水分，破坏泡沫的稳定，从理论上讲，一般泡沫不宜用于酒类火灾，只有抗溶泡沫才有较好的灭火效果。干粉、CO_2 等灭火剂也可用于扑救白酒初起火灾。但选用灭火剂应尽量考虑食品安全要求，不到万不得已时，切忌选用化学灭火剂，导致酒库和周围环境受到污染。

确定白酒厂消防站的设置和消防装备的配置，可结合白酒厂的生产经营条件和企业的经济实力，确定常贮量大于等于 10000m^3 的白酒厂应建立消防站；常贮量大于等于 1000m^3，小于 10000m^3 的白酒厂位于城市消防站接到火警后 5min 内能够抵达火灾现场的区域时，可不建消防站。

白酒危险特性如下：

（1）容易燃烧　一般贮存原酒的乙醇浓度在 60% 以上，闪点小于 12.78℃，属甲类危险物品。如果白酒蒸气在空气中的浓度达到 7.1% 以上时，只要遇到极小点能量（一般只需 0.2mJ 左右）的火花就能点燃。

（2）容易爆炸　白酒原酒蒸气与空气的混合比例达到一定条件时，遇火即爆炸，爆炸极限为 3.3% ~19%。

（3）容易蒸发。白酒挥发的乙醇因相对密度为 0.7893（20℃），不易扩散，往往在贮存库或作业场的空间弥漫飘荡。

（4）容易受热膨胀。白酒受热后体积膨胀，蒸气压同时升高，酒罐的白酒受热膨胀会使酒罐破裂，有导致火灾的危险。

（5）容易流动扩散。白酒燃烧流动扩散的速度很快，如白酒从罐口溢出或满罐破裂会很快向四周流散。

（6）燃烧不易发现。白酒燃烧呈现淡蓝色火焰，如果在强光下，几乎看不见火焰，白天不易发现燃烧点。

【步骤二】贮酒库的安全管理制度

作为白酒企业重点消防点，贮酒库的安全管理必须严格逐级落实岗位消防安全责任制。做到组织严密，制度完善，责任明确，奖惩分明，经常检查。完善各项消防安全制度。建立健全和落实相应的消防安全管理办法，完善应急预案。开展经常性消防安全宣传教育。重点包括：消防法律法规、制度规程；火灾危险性和防火措施；消防设施器材使用方法；报火警、初起火灾扑救以及逃生自救的知识和技能等。

下面参考某白酒企业的相关管理制度进行学习：

表 4 - 9　进入贮酒库须知

（1）不准携带易燃、易爆物品（如打火机、火柴）进入库区。

（2）不准在库区内使用电话（接、打电话），最好关闭您的手机。

（3）不准携带易污染食品（白酒）的生物、化学性污染物进入酒库。

（4）不准穿戴易发生静电的衣物进入酒库。

（5）未经酒库工作人员允许，不准进入酒库，酒库工作人员在操作中严格按照相关的消防安全操作规程操作，遵守公司各项规章制度。

（6）非工作人员，不得随意触摸库区内所有开关、电器、打酒设备、消防器材等。

（7）非工作人员如遇突发紧急情况，请您确认在场工作人员知晓后，走安全消防通道离开。

（8）不得私自拿酒库的任何物资（白酒、工用具、设备等）出库。

（9）发生火灾后，请拨打火警电话：119。

表 4 - 10　外来办公人员的安排培训制度

姓名		所属单位或部门	
进入库区办公预计时间			
进库事由			

学习内容：

一、总则

所有外来进入酒库人员统一由酒库的工作人员（酒库管理员、安全监督员、保管员、打酒员）管理和规范其行为。

续表

进库事由

二、原则

采用直属管理制度，进入酒库人员，必须在酒库工作人员的指导下开展工作。比如，车间负责人和安全监督员，负责管理外来部门、客户人员的参观，外来技术人员的交流，工作对接等，酒库库工需要管理的人员有：运酒司机、押运员、随车人员、打酒取样人员。酒库保管需要管理的人员有：车间交酒人员，打酒取样人员，外来办事签字人员，有领导陪同的外来考察客户。

三、注意事项

1. 不准携带易燃易爆物品（如打火机、火柴）、易污染食品（白酒）的生物、化学性污染物进入酒库。

2. 不准在库区内使用电话（接、打电话），不准在酒罐车上使用手机。

3. 未经工作人员同意，不得随意触摸库区内所有开关、电器、打酒设备、消防器材等。

4. 不得在库区内随意乱走，要在指定的区域工作办事或等待休息。

5. 不得私自拿酒库的任何物资（白酒、工用具、设备等）出库。

四、违反上述管理规定的，一律处罚100元以上的经济处罚；根据直属管理原则，酒库工作人员负有管理责任，一并受罚。

进入酒库办事人员学习后签字：

直属管理人员签字：

领导批准签字：

【步骤三】学习酒厂火灾预防的技术性要求

（1）酒罐仓库建筑要求：陶坛库严格设计防火分区，防火墙必须二级以上耐火等级，地面应采用不发火地面，并有1%的倾向库外集酒沟或集酒井的坡度。酒库必须设计事故池，事故池位于地平面以下，容积能够装发生泄漏的全部原酒。

（2）设计的防火窗能达到对流，如不能形成对流，为了加强自然通风，排除易燃蒸气及防爆泄压，必须设计机械通风井，并设置防爆风机进行送风换气，减少室内酒蒸气浓度。

（3）酒罐与陶坛库的防火间距必须符合要求，整个贮酒库，应该设立自动灭火系统，火灾自动报警系统，以及针对露天贮酒罐的自动喷淋降温系统。

（4）电气设备必须采用整体防爆型。电气开关应设在库外，并安装防雨防潮保护设施。楼房、罐体都必须良好地避雷接地，每年要求气象局部门对所有设备进行避雷效果检测。

（5）按规定设置消防设施和消防器材。主要配备抗溶性泡沫、干粉、CO_2等灭火器，在经常工作活动的范围配置手推车灭火器，除消防栓水带、水枪外，还要配置消防沙，防火毯等。并强制要求贮酒车间、包装车间所有员工必须会熟练使用。企业可以围绕贮酒车间的人员为主体，建立企业义务消防队，成员可以来自各个不同的车间或办公室，形成一支有实际经验、协同作战的队伍，切实保证贮酒库的安全。

（检查与评估）

一、任务实施原始记录表

白酒贮存管理		
分项目	任务实施的重点与细节	心得体会
任务1：贮存过程中的复评，筛选，勾调		
任务2：酒库数据统计、勾调计算管理		
任务3：酒库运行的设备管理		
任务4：酒库温湿度管理		
任务5：降度贮存管理		
任务6：酒库安全管理		

二、考核评估

序号	考核项目	满分	考核标准	考核情况	得分
1	实习纪律	10	严格遵守实训实习纪律，服从辅导教师和相关人员的管理，无迟到、早退、旷课等现象，迟到一次扣3分，旷课一次扣10分，早退一次扣5分，着装不规范扣5分		
2	安全教育	10	熟悉白酒生产基地及酒厂的安全操作规程，认真落实安全教育，衣着、操作符合厂方规定，违反一次扣5分		
3	实训项目考核	50	每个单项目进行考核，每人顺利完成上述6个分项目得满分，否则扣5~50分		
4	现场提问	30	对本任务涉及的理论知识进行提问考核，回答基本正确扣1~25分，回答错误不得分		

三、思考与练习

1. 浓香、酱香型白酒一定贮存期后应怎样进行选酒、调酒？
2. 贮存过程中的酒库安全管理，重点注意的事项是什么？
3. 能否以勾调例题为参考，自己进行酒体勾调设计计算？
4. 酒库贮酒转运中，对设备有何要求？

项目五　白酒包装

任务一　包装材料验收

知识目标

1. 掌握包装的形式。
2. 掌握包装材料的分类。
3. 熟悉包装材料验收的注意事项。

能力目标

1. 能进行包装材料的验收操作。
2. 能解决包装工艺的常见问题。

项目概述

在品种繁多的白酒市场上，从酒的销售情况分析可以得出，酒的内外包装造型的独特风格和气韵，对白酒的销售起着重要的宣传和促销作用。而对于白酒包装，验收包装材料是至关重要的环节。

任务分析

本任务是通过熟悉包装的形式、包装材料的分类及包装验收的注意事项，能够熟练进行包装材料的验收，解决包装工艺的常见问题。

任务实施

1. 包装形式

（1）形式　按包装容器的大小、容器类别、运输和销售方式分类，包装的形式有多种。通常大包装采用桶、坛及槽车等容器；小包装一般使用玻璃瓶或瓷瓶，瓶子又有标准形及异形之分。瓶酒的外包装为纸箱、木箱或塑料箱，若远途运输，则将酒箱装入集装箱或拖盘后发运。

（2）注意事项

①包装形式应依酒的特点、酒质和档次而异，决不要一等产品三等包装，也不要三等产品一等包装。包装形式要取决于酒体。

②要符合"科学、牢固、防漏、经济、美观、适销"的要求。

③运输包装应注明重量、体积、生产单位、件号、目的地等识别标志。并有"向上""小心轻放""防湿"等指示标志。

2. 包装材料

包装材料包括包装容器、封口材料、商标及外包装材料四方面。

一定要注意不能采用有损酒质或有害人体健康的材料。包装容器材料必须符合"食品卫生法"的有关规定，应贮放于清洁卫生、防潮、防尘、防污染的库内。容器应具有能经受正常生产和运管过程中的机械冲击和化学腐蚀的性能。包装容器必须符合有关标准，经有关部门检验合格后方可使用。

（1）包装容器　白酒的包装容器按材料不同通常有瓶类容器、金属容器、陶质容器及血料容器等类型。这里仅介绍瓶类容器。严禁使用被有毒物质或异味成分污染过的回收旧瓶。

①常用的玻璃标准酒瓶的规格要求：如表5-1和表5-2所示。

表 5-1　QB-652-1975 部分酒瓶系列

公称容量/mL	系列	直径/mm（±0.5）	高度/mm（±2）		
			1组	2组	3组
125	a	46	60	70	80
	b	47	50	60	70
	c	49	40	50	60
	d	52	30	40	50
250	a	57	95	10	25
	b	59	80	95	10
	c	61	70	85	95
	d	65	60	70	80

续表

公称容量/mL	系列	直径/mm（±0.5）	高度/mm（±2）		
			1 组	2 组	3 组
500	a	70	40	55	70
	b	72	25	40	55
	c	75	10	25	40
	d	79	95	10	25

表 5 - 2   常用酒瓶瓶头规格

类别	项目	规格/mm			标准号
冠形瓶头（500mL）	瓶头使用高度	4	8	8	QB - 653 - 1975
	瓶口高度	6	0	0	
	瓶口内径	3	6	8	
	瓶口外径	3	6.3	9	
螺纹瓶头（500mL）	瓶口使用高度	3	0	3	QB - 654 - 1975
LA25 - 20	瓶口高度	0	6	0	
LA22 - 16	环箍直径	8	5	1	
LA28 - 20	瓶口内径	5	2	8	

质量要求除前面提到的要求外，还须有较好的热稳定性；质地均一、透明；无结石、气泡、条纹等明显缺陷；瓶身及瓶底无厚薄不匀或裂纹等现象，瓶底须平整。

②异形瓶：异形瓶为玻璃瓶或瓷瓶。要求容积设计准确并留有余地；外形美观或有观赏价值；放置时能稳定；应便于清洗、灌装、贴标、携带和倒酒；瓶口直径不小于 28mm，不大于 36mm；特别是瓷瓶不能有漏酒现象；瓶口要能与瓶盖紧密吻合；还应便于包装机械化和自动化，便于装箱；在运输过程中不易破损。

（2）瓶酒封口材料 瓶酒的封口，首先要使消费者有据可信，不能随意更换或启动封口的原包装。要求封口非常严密，不能有挥发或渗漏现象，但又易于开启，开启后仍有较好的再封性。目前，用于白酒瓶封口的材料，主要有如下几种。

①冠盖：冠盖又称压盖或牙口盖，国际上称为王冠盖。通常用于冠形瓶头的封口。采用马口铁冲压呈圆形冠状，边缘有 21 个折痕，盖内有滴塑层或垫

片。原轻工业部 QB－653－1975 颁布的冠盖规格，是按国际统一标准的规格。其上盖直径为 1.033in（1in＝2.54cm），弧度为 1/16in，盖底或边缘直径为（1.262±0.8）in，牙口倾角为 15°，弧度为 1/8in，盖高（0.262±0.05）in。

②扭断盖：又称防盗盖，用于螺口瓶的封口。先用铝箔冲压成套状瓶盖，再用俗称为锁口机的滚压式封口机封口，铝套上有压线连结点，压线有一道、两道或多道，即多孔安全箍环。在压线未扭断时表示原封，启封时反扭封套，使压线断裂，即为扭断盖。铝套的长度因瓶颈而异，但铝箔的韧度要符合规定，并有一定的光洁度。盖内涂有泡塑、防酸漆等材料。

③蘑菇式塞：外形呈蘑菇状，塑料塞头与盖组成盖塞一体，或用套卡或盖扣紧盖塞。塑料塞上有螺纹或轮纹，以增强密封性能。若塞上封加封口套，则利于严密并易于开启。

④封口套和封口标：封口套是封盖和封塞上加套，并套住瓶颈，以提高密封度和美观。封口套通常为塑料套或铝箔套。

封口标是封口上的顶标、骑马标、全圈标等的统称，大多用纸印刷而成。也有采用辅助封口的丝绸带、吊牌等，起保持原封和装饰的作用。

（3）商标　商标必须向国家有关部门申请注册后专用，可得到法律的保护。按实际需要，可采用单标、双标或三标，即正标、副标、颈标。正标上印有注册商标的图像、标名、酒名，原则上标名应与酒名一致。正副标上均可注明产地、厂名、等级、装量、原料、制法、酒度及出厂日期及代号、产品标准代号、批号等。副标上通常为文字的说明，不宜冗长，字不要太小。

商标要注重一目了然，给消费者以美好而独特的深刻印象。为此，商标的色彩不宜太多，图案应明快，不宜复杂而零乱，文字要清晰。商标纸应选用耐湿、耐碱性纸张，其规格为 1m² 重 70～80g。

（4）外包装材料　通常为纸箱，装量为 0.5kg 的瓶酒，每箱装 12、20、24瓶。瓶与瓶之间用内衬和衬卡相隔，一般卡为"井"字形。也可使用横卡、直卡、圆卡或波浪卡。有的纸箱或纸盒还设颈卡。纸箱的规格及设卡状况按瓶形而定。

(检查与评估)

一、学生白酒包装成果展示

示例：

二、考核评估

序号	考核项目	满分	考核标准	考核情况	得分
1	实习纪律	10	严格遵守实训实习纪律，服从辅导教师和相关人员的管理，无迟到、早退、旷课等现象，迟到一次扣3分，旷课一次扣10分，早退一次扣5分，着装不规范扣5分		
2	安全教育	10	熟悉白酒包装车间的安全操作规程，认真落实安全教育，衣着、操作符合厂方规定，违反一次扣5分		
3	实训项目考核	50	每个单项目进行考核，每人指出包装形式的错误和顺利完成白酒包装操作得满分，否则扣5~50分		
4	现场提问	30	对本任务涉及的理论知识进行提问考核，回答基本正确扣1~25分，回答错误不得分		

三、思考与练习

1. 包装形式有哪些？
2. 包装材料有哪些分类？

3. 包装材料的验收要求是什么？
4. 包装的注意事项是什么？

任务二　包装前的酒体后处理

学习目标

知识目标

1. 掌握白酒后处理技术的基本原理。
2. 掌握包装前的白酒过滤技术。

能力目标

1. 能够理解运用相关知识，运用到白酒包装前期实际工作中。
2. 融会贯通，能独立进行酒体过滤处理。

项目概述

　　按照白酒的国家标准，预包装食品的中国白酒的色泽感官应为：无色或微黄透明、无悬浮物、无浑浊、无杂质沉淀。但在实际生产过程中，酒的杂质还是比较容易出现，比如，蒸馏接酒操作、转运贮存，容器杂质，管道杂质，糟醅残粒，曲药粮食，粉尘，加浆用水的硬度不达标，从勾兑比例组合，降度贮存、过滤，灌装，自动控制等各个环节，均无法达到酒质无沉淀悬浮物，如果直接灌装包装成为成品酒，影响着产品的质量。为了保证产品的质量稳定，符合国家标准，符合食品卫生安全，充分保证消费者利益，包装前必须进行酒体的后期处理，通过过滤后，达到不影响酒质口感、理化、卫生指标。

任务分析

　　本任务是通过分析杂质来源和大小，掌握过滤的基本原理，不同的过滤技术达到不同的效果，目的就是保证酒体干净、醇和、风格特征不变，质量长期稳定，使学生掌握不同的酒体应采用合理的过滤技术进行酒体后处理。

（任务实施）

【步骤一】学习白酒后处理相关知识

1. 拦截作用

利用酒泵的动力进行酒体流动，流入处理介质，通过过滤材料的大面积微孔、间隔微小等特点，使酒液中的悬浮物、大颗粒杂质、沉淀物等被截留，从而达到分离、净化的目的。

2. 物理吸附

某些白酒后处理助剂具有丰富的不规则多孔结构，比表面积较大，从而使其具有吸附杂质的作用，其表面分子间具有相互力，使杂质吸附到孔径中。

3. 化学吸附

处理助剂的表面含有少量的功能团，如羟基、羧基等，这些表面上含有的氧化物或络合物可以与被吸附的物质发生化学反应，与被吸附物质结合聚集在过滤助剂的表面，达到去除杂质的作用。

【步骤二】掌握过滤方法

酒是醇、酸、醛、酯等有机物质和水的混合体。各种香型白酒的主体香味物质与其他微量香味成分间的平衡、匹配构成了诸味协调的酒体。如前所述，沉淀物质实际上是白酒中的某些香味成分或其前体物质。除浊和保持香味风格是低度白酒生产所面对的一对矛盾。因此应在尽可能保持酒体的香味风格前提下，除去低度白酒中的沉淀物质，或除去低度白酒中潜在的会引起沉淀的物质，以免出现沉淀现象。如何在不影响产品原风格，又能使白酒清亮透明，且符合国家卫生标准，有效地进行处理过滤，处理的方法各厂不尽相同。下面主要有针对性地针对酒体的浑浊、杂质、后味不干净的处理，着重介绍高分子过滤、酒用活性炭硅藻土过滤、冷冻过滤技术。

1. PE 高分子过滤

分为叠片式和柱子连体式过滤机，特点为灭菌效果好（针对果露酒、配制酒、泡酒），口感和指标不会改变，风味能保持，过滤后能达到直接灌装的效果，过滤后无沉淀、固形物出现。优点：比传统的硅藻土、折叠滤芯过滤设备具有操作简单，出料稳定，且清洗方便，使用寿命长等特点，过滤时间长，可以用干净的空气进行反吹清洗，方便快捷，能耗低，适合小型白酒企业生产运用。

2. 冷冻过滤

根据酒体中多种脂肪酸酯的溶解度随着温度的降低而减少，将加水浑浊后的白酒冷冻到 $-15 \sim -12\,^\circ\!C$，并保持数小时，使高级脂肪酸乙酯絮凝、析出，颗粒增大，并在低温度条件下过滤除去上清液的混合物，便可获得澄清透明的低度白酒。由于沉淀物是油性物质，过滤时困难，可加石棉、纤维粉作助滤剂。这种方法虽然有效，但需要一套高制冷量的冷冻设备和一个低温过滤房间，酒温必须冷至 −12℃ 以下，否则低度白酒以后遇冷又会出现浑浊，因而设备投资大、生产费用高。在北方可利用冬季室外气温低的条件，将酒基降度以后放在室外进行自然冷冻，也有一定效果。但由于室外温度变化大，冷冻效果差，需要的冷冻时间较长，过滤速度也较慢。

3. 吸附过滤

利用吸附剂表面许多微孔形成的巨大表面张力对低度白酒中的沉淀性物质进行吸附。吸附剂的使用原则是：既能除去酒中沉淀性物质，又不使酒中的香味物质产生较大吸附损失，更不能影响酒体的风味和风格。吸附后要采用硅藻土涂片过滤或其他过滤设备处理掉淀粉或者活性炭。

4. 淀粉吸附法

取样品若干个，分别按不同比例加入淀粉摇匀后静置 24h。过滤后比较可知，淀粉对呈香物质吸附较小，易保持原酒风格，但用量不易过大，否则会给酒带来不良气味。

5. 活性炭吸附法

酒类专用活性炭选用壳类、椰子、木质为原料，采用高温水蒸气活化工艺生产，经破碎或筛选以后处理精加工制成的果壳粉状活性炭，按不同的比例加入样品中，隔 4h 搅拌一次，24h 后过滤比较，入口糙，后味稍淡，需在调味上下工夫，方能保证质量。

四川本地大部分酒企业使用的过滤技术为上述三种，使用酒用活性炭量大，下面介绍某酒用活性炭的部分型号、功能、用量，见表 5−3。

表 5−3　某酒用活性炭的部分型号、功能、用量

酒碳形状	型号	主要功能
粉末炭	JT—201	低度白酒除浑浊、一定的新酒老熟功能
	JT—203	去除酒精（高度酒）异杂味
	JT—204	防止含酯量高的低度白酒在低温下重复浑浊
	JT—205	去除糖蜜酒精异杂味
	JT—207	处理制备伏特加酒的纯酒精
	JT—209	清酒除浑浊
	JZF	去除酒精异杂味、大幅度降度酒精中的还原性物质
颗粒炭	JTK−A	适用于低度白酒的制备，酒中异味的去除和老熟
	JTF−A（分子筛颗粒炭）	老熟、除浑浊、异味、加速分子缔合
	JZK	去除酒精异杂味、大幅度降度酒精中的还原性物质

　　粉末炭的优点在于添加比例合适，加入量一般控制为 5/10000～3/1000，吸附时间可以控制，可以前期制作小样，放大样后质量稳定一致，缺点为由于颗粒小，必须采用二次拦截过滤，处理周期长，效率低和容器占用量大，容易对二次使用造成活性炭污染。

　　颗粒炭的优点在于处理速度快，装柱后效率高，更换原料方便快捷，非常适合低端产品的大批量生产。缺点为使用初期的吸附能力强，越到后期，处理的效果越差，容易造成过滤的白酒损香前后不一，质量批次不稳定。

任务三　包装设计及包装环境设计

学习目标

知识目标

1. 掌握包装的原始形态及发展。
2. 掌握包装设计文化的存在基础及特性。
3. 掌握包装设计的属性。
4. 掌握中高档酒包装的特点。
5. 掌握通过包装打开市场。
6. 掌握白酒包装车间的设计相关要求。

能力目标

1. 能够分析比较各中高档酒包装的特点。
2. 能利用包装特点，准确找到市场切入点。

项目概述

　　白酒包装不仅是为了在运输过程中保护商品，还凝聚着丰富的民族文化精髓，对于提高销售量有很大的促进作用，具有很大的收藏价值，创造了商品的附加价值。因此白酒包装设计对于白酒的销售起着重要的作用。

任务分析

　　设计白酒的包装需要进行市场定位，研究高销售量的名酒包装设计，掌握其富含的文化精神，主要从酒瓶和酒盒的形状、颜色、图案及装饰等方面进行设计，设计时应将地域特色、民族精神、民俗文化、艺术、文学及哲学有机地结合起来，让悠久的酒文化渗透到生活、文化、经济活动等各方面，传承我国古代劳动人民的精神和智慧，同时，成为占领市场的"法宝"。

任务实施

【步骤一】 研究白酒包装

一、操作

1. 从地域特色、民族精神、民俗文化、艺术、文学及哲学等方面，思考不同价位白酒的包装特色。

2. 将思考结果记录到表格中。

二、相关知识

白酒，无论是它的历史还是文化都源远流长。白酒的包装也具有一定的历史。包装是为了在流通过程中保护商品、方便运输和促进销售而按照一定的技术方法使用容器、材料以及辅助物等将物品包封并予以适当的装饰和标志工作的总和。包装除了具有保护商品、方便物流外还有促销的作用，即创造商品的附加价值。在品种繁多的白酒市场上，从酒的销售情况可以分析得出，酒的内外包装造型的独特风格和气韵，对白酒的销售起着重要的宣传和促销作用。

1. 我国古代酒器的包装发展史

在不同的历史时期，由于社会生产力和社会经济的不断发展，酒器的生产也不断发展变化，与漫长的中国古代历史相伴随，并且经历了千变万化的发展过程，它的制作在技术、材料、外形等方面均产生相应的变化，故产生了种类繁多，令人目不暇接的各种酒器。这些酒器能在一定程度上反映酒的文化和工艺水平，它作为中国源远流长酒文化的实物见证者，不仅可让人追忆到历史文明的遗风，而且让人依稀可见前人生活习俗、审美价值的风韵，所以酒器作为酒文化的一部分同样历史悠久，千姿百态。

（1）陶器 我国的陶器起源很早，1962年在江西万年县仙人洞就出土了距今8000多年的陶器。远古时代的酒器材料主要是陶器为主，此外还有木、竹、贝壳、兽角等质地酒器。早在6000多年前的新石器时代，就已经出现了形状类似于后世酒器的陶器。

炎帝先民在发明人工谷物酒的同时，也发明了最早的酒器——陶质酒器。陶器是利用陶土的可塑性，塑造成适合生活的容器，是经高温焙烧而成的各种器皿。

公元前4300年至公元前2400年的大汶口文化遗址，随葬80多件陶器中，主要是成套的酒具，有贮酒的背壶，温酒的陶鬶、注酒的陶瓮和饮酒用的鬶杯。

新石器时代晚期，制陶技术已发展到很高的水平，人们用天然赤铁矿颜料和锰化物颜料在陶器上绘制装饰纹样，烧制成精美的彩陶。

三彩孔雀形角杯见图5-1，袋足陶鬶见图5-2。

图5-1　三彩孔雀形角杯　　　　　　　　图5-2　袋足陶鬶

（2）青铜器　我国早在商代的时候，青铜器就已被普遍使用，但主要都是奴隶主和达官贵人们满足其奢华生活的各种用品。青铜器的造型丰富多样，仅作为容器出现的就可分为烹饪器、食器、酒器、水器等。

青铜器起源于夏，在商周达到鼎盛时期，春秋开始没落。夏商周是我国古代礼制的成熟期，也是中国古代礼制最为规范的时期。公元前21世纪至公元前221年，是我国礼制的成熟期，"礼以酒成"，无酒不成礼，因此，这是个酒和政治结合最紧密的时期。酒器的种类较史前有很大发展。夏王朝的酒器的质地主要是陶器和青铜器，有少量漆器，器形种类亦开始丰富。商王朝的酒器种类迅速发展和增多，主要是陶器和青铜器，有少量原始瓷器、象牙器、漆器和铅器等。到东周漆器和青铜器并重发展，已有少量金银器出现。

夏商周时期，青铜酒器的特点：种类繁多，如觥、爵、角、尊、壶、卣、盉；造型奇特，纹饰繁缛怪诞，制作精美。商周时期酒具不是一般日用品，是重要礼器，是礼制文化的体现。商周青铜器的纹饰、造型、铭文对后来的书法艺术、雕刻艺术带来了重大影响，是中国古代文化艺术史的重要组成部分。

亚丑方彝见图5-3，兽面纹斝见图5-4。

图5-3　亚丑方彝　　　　　　　　　　　　　图5-4　兽面纹斝

（3）漆器　中国开始以漆作为涂料，相传始于 4000 多年前的虞夏时代。商周时代，漆器工艺已具有了相当高的水平。在中国历代的人物画中，我们常能看到漆器作为道具出现，如化妆盒、食品盒等。

公元前 221 年是中国历史变迁的关键一年，秦始皇横扫六合，结束持续百年的诸侯纷争的局面，一统天下。中国酒文化也随之揭开了新的一页，青铜酒具逐渐衰落，在中国南方开始流行漆制酒具。这一时期的酒器大体上继承了东周的遗风，北方以青铜为主，南方以青铜和漆器并重，如在中山靖王刘胜墓中出土的大量青铜酒器，镶金错银，嵌入宝石，极尽奢华。而南马王堆一号墓则出土大量漆酒器，彩绘鲜艳，堪称漆酒器中极品。此外还有少量金、银、玉、角、玻璃、象牙、瓷等酒器。虽然陶酒器仍有，但多数已变成大型的贮酒器。漆器成为两汉、魏晋时期的主要类型，其外形基本上继承了青铜酒具的外形。

彩绘牛马鸟纹漆扁壶见图5-5，锥形瘤根贮漆彩绘酒壶见图5-6，荆州漆器见图5-7。

图5-5　彩绘牛马鸟纹漆扁壶　　　图5-6　锥形瘤根贮漆彩绘酒壶　　　图5-7　荆州漆器

（4）瓷器 隋唐历经三百多年的一统盛世，各方面得到空前的发展，酒文化也得到长足的发展，并形成了以瓷器为主，金银器为辅的新历史时期。东汉以后瓷酒具居主导地位，瓷酒具造型美观，釉层光润，装饰华美，坚固耐用。

唐王朝是我国历史上三彩酒器、瓷酒器和金银酒器发展的黄金时期。宋元明清时期瓷酒器形式多种多样，制瓷技术日臻完美。宋元时期瓷酒具"青如天，明如镜，薄如纸，声如磬"。明清时期瓷器中景德镇生产的青花玲珑瓷，成化斗彩、珐琅彩、素三彩等，堪称瓷具极品。金、银、玉酒器光彩不减，玻璃器为新的珍品。

陶瓷作为一种容器，在中国历史的发展中，应用面之广、历史之悠久、影响力之大都是其他种类容器无可比拟的。

中国的瓷器史基本可以分为青瓷—白瓷—彩瓷三个阶段。直至今日，陶瓷除了工艺品、日用品以外，也是一种常用的具有民族传统风格的包装形式，像白酒、中药的包装等。在使用容器方面，不同的文明大致有着相似的经历，但是每一个文明都有其独特的一面，像古埃及人早在公元前3000年前就开始以手工方法熔铸或吹制玻璃器皿来盛装物品。

青花花果纹执壶见图5-8，唐三彩凤首壶见图5-9，粉彩龙纹三足爵杯见图5-10。

图5-8　青花花果纹执壶　　　　图5-9　唐三彩凤首壶　　　　图5-10　粉彩龙纹三足爵杯

2. 酒包装的必要性

随着中国加入WTO，经济全球化的步伐越来越快，虽然白酒作为最纯粹、最民族的产业，受到国外冲击相对会小一些，但不能因此就停止创新产品之间的同质化趋势，使得我们必须从视觉形象、文化营销等方面寻求竞争力。在这种情况下，作为首当其冲的包装设计因其独特性和不可替代性扮演着重要角色，包装通过文化来标新立异，吸引消费者注意力，使他们依赖某种文化品牌甚至把它作为自我个性的延伸。同时，越来越多的包装设计将超越消费层面影响到人与人、人与自然、人与社会的关系。设计正是以物的"人化"和人的"物化"的统一，达到人与设计，设计与人的融合状态。设计成为沟通传统与未来的纽带，肩负着更多更深层次的责任。中国包装设计领域，需要我们用无限的设计思维、强烈的民族责任感、时代的紧迫感和对生活的美好愿望去努力创立我们自己的、全新的民族包装设计体系。

3. 文化酒

文化酒的根本内涵就在于文化酒必须是"品质上乘"。文化酒除了满足最基本的香醇、回味无穷外，每一种酒都要具备不可替代的自身特殊品质。比如五粮液是五种粮食（高粱、大米、糯米、玉米、小麦）酿成的浓香型大曲酒，郎酒是采用天然泉水酿制，天然溶洞贮藏后酿造的酱香型大曲酒。文化酒还要具备三个要素。

第一，悠久的历史"文化"是人类在劳动过程中产生，经历史推进延伸而来的。对文化酒来说，"悠久"不仅仅是时间概念，同时还有空间概念，即酿造配方、酿造工艺、成品的品质鉴赏、酒容器艺术文化、酒的贮藏、酒作坊、酒名声的演进等方面的概念，这也就要求文化酒要具备沉积多年的酿造历史、酿酒文化、酿酒工艺及酿酒环境。

比如水井坊正是以"天下第一坊"的古代窖池为文化诉求的，强调的是历史悠久，而剑南春以"唐时宫廷酒，今日剑南春"、五粮液以"800 年金牌不倒"为卖点也是出于同样的考虑。

第二，独特的地域性与社会文明程度。这是酒与生俱来的特定属性，如"女儿红"传承的是中国汉族古民俗文化，"青稞酒""西藏王"传承的是藏族文化；"老妈红"传承的是蓉城古都川味儿民俗文化；"调天乳酒"传承的是土生土长的中国道教文化；洋酒也是如此，"人头马""拿破仑"传承的是法兰西文化，"伏尔加"传承的是俄罗斯文化。

第三，文化品牌价值。这里指的是酒演化至今对人与经济、文化、社会、科技的影响力。这种影响力包括了商品个性、商品包装、商品价值与价格、商品文化传播、促销等方面的因素，其最终目的是获得消费者的认可。当年酒鬼酒正是以情趣化的包装视觉语言、独特的文化定位而成为文化酒的先驱者。眼下，水井坊以"天下第一坊"的考古发现为契机，以"风、雅、颂"为核心的品牌经营领导了高档酒的繁荣盛世。

4. 白酒包装设计

白酒的包装在我国经历了一个从无到有、从简到繁的过程。在 20 世纪 80 年代以前，白酒几乎没有外包装，简单地说，酒瓶就是它自身的包装。于是，传统酒瓶不仅是酒的载体，也是酒文化的一个重要体现。

（1）包装定位分析

①200～500元以上的价位属于高档白酒，其中茅台、五粮液稳占高档白酒市场，用于政府招待和送礼。

②40～200元左右中档价位的白酒市场最小，此档生存的品牌也不是很多，以金六福为主要代表。

③10～40元的中低档白酒占据市场主导地位，进入品牌也很多，丰谷、牛栏山领跑，跟进者挤得头破血流。此档酒为朋友聚饮和社交饮用的主流档。

④10元以下的低档市场，以老村长、龙口老窖为主要代表。

（2）结合酒文化进行酒瓶包装设计　酒已经在悠久漫长的人类文明发展史中生存了若干年了，成为了世界性的文化现象，酒渗入到人们生活、文化、经济活动的各个方面，形成特别的民族文化心理和集体意识，正如法国的葡萄酒文化，日本的茶道一样，中国的白酒也有其独特的文化魅力，酒渗透于诗词歌赋琴棋书画等文化艺术领域。它本身就有丰富的文化内涵，调酒、品酒、斗酒、酒德、酒风、酒品、酒趣甚至饮酒的酒器、习俗等，酒还伴随着中国历史的发展融入各个地域，各个民族，传播着时代的风情；它与艺术、文学、哲学等相互渗透，相生相息；它传递着亲情、友情、爱情。博大精深的酒文化形成了中国文化史上一个弥足珍贵的组成部分。

①以"历史悠久"为诉求点：如"唐时宫廷酒，今日剑南春"的剑南春，"800年金牌不倒"的五粮液，"天下第一坊"的水井坊，"天下第一窖"的泸州老窖"国窖酒"。

②以名人雅士为诉求：借用孔圣人之名，大做酒文章的"孔府家酒"、借李白之名的"诗仙太白酒"、借卓文君与司马相如传奇历史佳话之名的"文君酒"。

③以"歌以酒狂，酒借诗名"为诉求：山西汾酒借唐代诗人杜甫《清明》中的名句："借问酒家何处有，牧童遥指杏花村"而扬名天下、杜康酒借用"杜康酿酒"的传说和曹操的"何以解忧，唯有杜康"这一绝句进行文化包装。

④以地域特色为诉求：如黄鹤楼、湘酒鬼、浏阳河。

⑤以生活情趣为诉求：如稻花香、老妈红、二锅头、小糊涂仙。

⑥以时代奋进为诉求：如全兴、劲酒。

⑦以哲学辩证为诉求：如舍得酒。

⑧以民俗文化为诉求：如金六福。

酒瓶是一种特殊的工艺品，它集酒艺、酒史、陶艺、瓷艺、考古、文物、绘画、书法、诗词、雕刻、民俗、礼仪、医学和风景名胜等为一体，从一个侧面闪耀着酒文化的艺术精华。

①酒瓶中的传统文化元素：我国有很多酒瓶本身就是一件精美绝伦的工艺

品，以酒瓶的独特造型来吸引更多的人群。人物酒瓶是众多瓶友最为喜爱的一个专题。为了打造白酒的品牌，厂家纷纷选择具有浓厚中国传统文化特色的元素作为设计素材，这就使此类酒瓶所蕴藏的传统文化内涵大大增加，产品的收藏价值得到提升。

西游记酒瓶系列见图5-11，八仙过海酒瓶系列见图5-12，京剧脸谱艺术酒瓶见图5-13，十二生肖系列酒瓶见图5-14。

图5-11　西游记酒瓶系列

图5-12　八仙过海酒瓶系列

三国演义故事酒瓶系列见图5-15，《红楼梦》故事酒瓶系列见图5-16。

②酒瓶中的纪念元素：不同时期，不同区域的酒瓶相互联系，又各有特色，如山东有"孔府家酒""五岳独尊"等酒瓶，而浙江绍兴则有"乌篷船"

图 5 - 13　京剧脸谱艺术酒瓶

图 5 - 14　十二生肖系列酒瓶

图 5 - 15　《三国演义》故事酒瓶

图 5 - 16　《红楼梦》故事酒瓶系列

"鲁迅纪念酒"等酒瓶，四川有"诗仙李白"，黑龙江有"北大仓"（粮仓）等酒瓶。有的还体现着时代特征，如"明珠塔""足球"等酒瓶，它象征着改革开放以来生气勃勃的新气象。还有反映着长居都市人们向往山村农舍生活，如"茅屋""牛""鱼篓""南瓜""葫芦""冬笋""竹根烟斗""土粮仓"等具有浓厚山村气象的酒瓶。

鲁迅纪念酒瓶见图5-17，国庆纪念红旗酒瓶见图5-18，中华人民共和国成立六十周年纪念酒瓶见图5-19。白云边1979纪念酒瓶见图5-20。金门九龙经典纪念酒瓶见图5-21。

图5-17　鲁迅纪念酒瓶

图5-18　国庆纪念红旗酒瓶

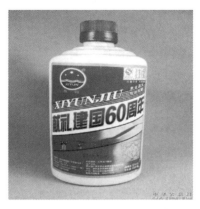

图5-19　中华人民共和国成立
六十周年纪念酒瓶

图5-20　白云边1979纪念酒

图5-21　金门九龙经典纪念酒瓶

由此我们可以看，借助历史文化这样的无形资产来进行品牌形象提升，获得综合期望效应成了白酒产业的重点策略。

5. 当代白酒包装的评价和赏鉴

茅台：古典大气，认知度高，见图5-22。

五粮液：纸盒包装精美，酒瓶晶莹透亮，见图5-23。

图5-22 茅台

图5-23 五粮液

山西汾酒：历史感强，瓶表面图案古典，见图5-24。

剑南春：与五粮液有些类似，部分品种包装精美，见图5-25。

图5-24 汾酒

图5-25 剑南春

口子窖：包装像古代书生，显文化感，见图 5 – 26。

图 5 – 26　口子窖

泸州老窖：包装精美，款式多，见图 5 – 27。

图 5 – 27　泸州老窖

洋酒包装的特点：随着时代的发展，中国与世界文化增强交流的同时，大量的西方设计观念进入了我们的视野，很多酒类企业对生产工艺进行了创新。新材料、新工艺的应用，得益于整个社会生产力的进步。将简单、实用、成本低的新材料导入白酒包装也将越来越成为积极的尝试。

洋酒的礼盒装和独立包装见图 5 – 28。

图 5 – 28 洋酒的礼盒装和独立包装

XO 礼盒装见图 5 – 29。

图 5 – 29 XO 礼盒装

洋酒包装欣赏见图 5 – 30。

洋酒在包装上更加注重瓶型的设计，线条的应用，礼盒应用。同中国白酒传统包装的写实性相比具有更多的写意色彩，给人更多的想象空间。

图 5 – 30　洋酒包装欣赏

6. 酒包装如何打开市场

（1）改变思想观念　现在高档酒的消费人群只知道茅台与五粮液牌子大，名气响，送人有面子。我们应该先扭转高档酒消费人群的消费观，让他们改变想法，买名气酒没有买文化酒送人有面子。文化酒才是逢年过节送礼的最佳选择，在包装上就能让消费者和收礼者都感觉到文化气息，将酒从物质层面提升到精神层面，进而转变成为忠诚消费群。

包装应该围绕着"精神感受"这一主题来做，而不应该停留在产品本身。应该做一个有内涵的酒，做有品牌有文化的酒。让消费者一传十、十传百地改变消费者购买高档酒的消费观（不该只认品牌，而是认文化），从而培养消费人群的忠诚度。

（2）酒包装的设计　酒与包装是两个相互融合的互动产业，酒作为商品，人们购买它已由过去单一的以实用为主（生理需求），转向欣赏实用并重，并且不断向追求美观、获得精神享受为主（心理需要）转化。消费者饮酒更多的是为了饮一种心情、一种氛围、一种文化，这使得酒文化与酒包装成了紧密联系、不可分割的整体。以包装物质载体将文化传承其中，起到创造附加值的这一个过程是我们增加产品中蕴含的文化概念，实现产品差异化的最有效途径，所以说包装设计扮演着极其重要的角色，那么如何处理好白酒包装文化与白酒包装设计就十分必要了。酒的包装不仅仅是酒贮运、保存的简单容器，更是一个酒文化和传统文化相结合的重要载体和传播方式。

【步骤二】 拓展阅读

五粮液的包装

商品包装设计中一个较为重要的设计元素是包装的造型，它是具有三维体积属性的艺术设计，产品的内外包装造型形态由产品本身的功能来决定。在传统酒文化的积淀中，在对各品种的酒包装的比较分析中，在不断扬弃对立统一中找到最合适、最到位的设计元素，以达到包装整体设计的独到之处。

1. 五粮液包装的演变

在五粮液股份有限公司大门左侧，五粮液人用雕塑记录了五粮液酒包装的演变历史，沉淀了深厚的五粮液酒包装文化。

五粮液包装酒品演变雕塑见图5-31。

图5-31　五粮液包装酒品演变雕塑

（1）古代陶瓷包装　最早的是名为"提装大曲"的陶瓷包装（图5-32），这种包装为一个常见陶瓷罐的形状，封口采用红色麻布覆盖并用绳索系上，再在上边用包裹好的河沙压盖在瓶口处，以防止挥发（通常称为走气）。

图5-33所示五粮液早期包装瓶型，尽管依然使用陶制烧料罐装，但从瓶型的设计和包装瓶上的装饰线条，体现出酒瓶已经不再是一个简单的盛酒罐，而正向着包装文化艺术方向迈进。

（2）新中国成立前的五粮液包装　图5-34所示为民国时期五粮液酒的包装展示。相比于过去中国传统的陶瓷瓶、罐包装而言，主要的变化有：

图 5 - 32　陶制提装大曲包装瓶

图 5 - 33　陶制杂粮酒包装瓶

图 5 - 34　民国时期玻璃瓶装五粮液包装

①玻璃包装材料的使用。因为玻璃制品批量生产能有效降低成本和玻璃制品在造型、透视性等方面的优势，酒类制品开始使用玻璃瓶包装。

②生产标识的完善。这个时期的五粮液包装最大的变化是在瓶装的外边显著位置，增加了商标、生产厂商、产地等信息。这些标识清晰地说明了酒的原产地是叙州府（今宜宾）北门陡坎子，作坊为利川永、长发升等。

此外，在这个时期的包装中，尤其是从右图的瓶型来看，瓶盖已经开始正式使用，增加了食用的方便性。

（3）经典的五粮液包装　五粮液根据设计主题立足于地方文化，注重其文化形态，全面了解五粮液文化史，以酒文化含金量的挖掘为本位，把产品、包装的成本都包括在设计过程中，形成了五粮液经典的包装设计。

图 5-35 为五粮液鼓型瓶，这是五粮液历史沿革中当之无愧的一款超经典之作。该款鼓瓶型"老酒"由五粮液总裁王国春亲自创意策划，设计灵感源自五粮液早期的传统造型，既继承了传统五粮液酒的质朴纯然之气，又凭借着先

进的制作工艺凸现其无法抵挡的高贵与精细。这种瓶型发展到今天依然在五粮液的包装中广泛使用，采用水晶材料的、陶瓷仿古材料，多用于高品质五粮液酒的包装。

图 5 - 36 习惯称为麦穗瓶，是五粮液在荣获国家优质产品金质奖之后创意设计的，其中主要包含了"国家优质产品金质奖"的奖章，也将生产五粮液的原料元素融入包装设计之中。这种包装使用时间较短，酒的品质很高。

图 5 - 35　五粮液经典的包装设计雕塑　　**图 5 - 36　麦穗瓶金奖包装设计雕塑**

（4）现代五粮液包装　伴随着科技大发展和五粮液酒在中国白酒中地位的提升，五粮液包装设计也随之发生着革命性的变化。

图 5 - 37 所示为现行五粮液水晶瓶包装雕塑图案，其包装设计瓶型的主要变化有：采用了防盗盖设计，防止不良企图的人换装其他酒，以次充好；在瓶颈部分增加了一个有立体感的五粮液企业徽记。

图 5 - 38 所示为前一段时期五粮液防盗包装雕塑（习惯上称为金属防盗盖五粮液），酒的防盗设计和美化作用，在五粮液以至于全国各类酒的包装中都有十分重要的作用。

图 5 - 37　现行五粮液水晶瓶包装雕塑图案　　**图 5 - 38　金属防盗盖五粮液瓶包装雕塑图案**

2. 五粮液包装中的文化

五粮液有着深厚的历史文化传统，充分体现了中国中庸和谐的社会文化特征。把历史价值通过对文化的演绎完整地表达出来，只有民族的才是世界的，并以历代五粮液人的创业奋斗历史为背景，以五粮液在不断发展中形成了"创新、开拓、竞争、拼搏、奋进"的企业精神为内核。

五粮液在包装设计演变上，不仅展示了与时代同步发展的自然演进过程，还主动地将中国传统文化元素融入包装中，开发出了许多极具艺术价值和收藏价值的包装艺术珍品。

（1）国宝系列 五粮液熊猫瓶型酒（图 5 - 39），酒质上乘，包装更为独特，选用国宝熊猫瓶装，将国宝级的熊猫和五粮液完美结合，得到了市场的高度认可。消费者品尝的不单单是一瓶饮品，其内在的人类文明、远古时代的微生物、中国人引以为豪的酿酒工艺等奇迹都融汇在五粮液之中，这实在是一尊富含人类文明和自然界进化的世界遗产。

图 5 - 39　五粮液熊猫酒

（2）生肖系列 五粮液十二生肖酒（图 5 - 40）是五粮液酿神酒集团出品的一款纪念酒，是为了纪念五粮液建厂 60 周年，主打生肖文化和投资收藏理念的"顶级生肖文化收藏白酒"，又名"酿神十二属相酒"。这是五粮液坐拥600 年国宝古窖，建厂 60 年的历史见证。

（3）其他文化系列 用竹、兰、金杯、玉玺、华表、长城、长江等具有独特象征意义的词汇及形象为立意点，主体造型以古代沿用至今的酒具为雏形，加以提炼（图 5 - 41）。

图5－40 五粮液十二生肖酒

珍品艺术品五粮液   巴拿马金奖纪念酒   祝君鹏程万里

图5－41 五粮液其他文化系列酒瓶

【步骤三】包装设计操作

根据所学知识，对宜宾本地酒进行包装设计。

【步骤四】白酒包装车间的整体规划

一、整体布局

包装车间在全厂的布局中，必须远离蒸汽锅炉房、酿酒车间、制曲车间、原料粉碎车间，应离成品出厂的一个门很近，方便物流和车辆。方便为高位罐提供原酒，需紧挨勾兑车间，包装车间里面的临时成品堆放库的容量应与生产能力相适应。库内应阴凉、干燥，并有防火设施。

内部空间方面：由于灌装间和高位罐间是甲类防火单位，应设置防爆和带负压的防爆排风系统，隔离良好；为杜绝包材在搬运过程中污染酒体，应该实现包材和酒物流分离。如有客户或者经销商参观，为保持包装环境卫生达标，部分包装现场可以采用透明硬化玻璃建墙，达到参观交流的目的。

设立更衣间 2 个，消毒洗手间必须做到一清二洗三消毒，并单独隔离。

二、学习下列规范的白酒包装车间平面布置图

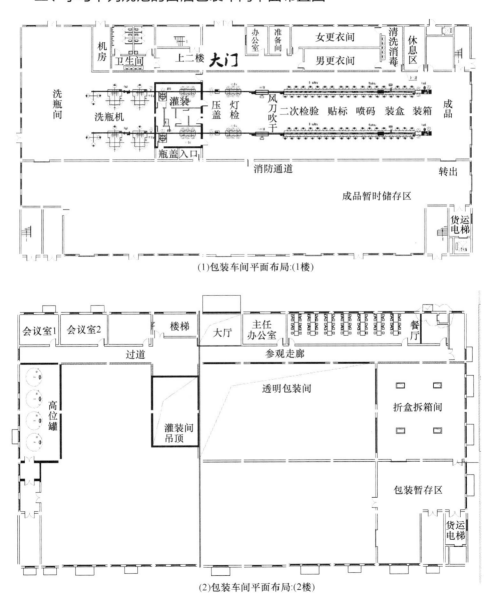

(1)包装车间平面布局:(1楼)

(2)包装车间平面布局:(2楼)

图 5 - 42　包装车间平面图

检查与评估

一、任务实施原始记录表

酒的品牌	包装设计特点	市场需求
茅台		
五粮液		
山西汾酒		
剑南春		
口子窖		
泸州老窖		

二、考核评估

序号	考核项目	满分	考核标准	考核情况	得分
1	实习纪律	10	严格遵守实训实习纪律，服从辅导教师和相关人员的管理，无迟到、早退、旷课等现象，迟到一次扣3分，旷课一次扣10分，早退一次扣5分，着装不规范扣5分		
2	安全教育	10	熟悉白酒包装车间的安全操作规程，认真落实安全教育，衣着、操作符合厂方规定，违反一次扣5分		
3	实训项目考核	50	每个单项目进行考核，每个人完成任务原始记录表得满分，否则扣5~50分		
4	现场提问	30	对本任务涉及的理论知识进行提问考核，回答基本正确扣1~25分，回答错误不得分		

三、思考与练习

1. 举例说明古代酒器有哪些？
2. 文化酒的含义及要素是什么？
3. 酒瓶包装的文化元素有哪些？
4. 如何进行白酒包装设计？
5. 包装车间的整体规划需要注意的事项有哪些？

任务四 白酒包装线管理

知识目标

1. 掌握白酒包装车间的要求。
2. 掌握洗瓶、灌酒、封口、验酒、贴标、装箱、捆箱 7 个步骤。
3. 掌握白酒包装工艺的注意事项。
4. 掌握运输和保管。

能力目标

1. 能够完成白酒包装操作。
2. 具备白酒包装线管理能力。

项目概述

为了适应市场和消费者的需要，白酒经过老熟后，需要进行包装，才能进入市场，因此包装的各个环节，包括洗瓶、灌酒、封口、验酒、贴标、装箱及捆箱，显得尤为重要，管理白酒包装的整个过程成为重要问题。

任务分析

本任务是掌握白酒包装工艺中的洗瓶、灌酒、封口、验酒、贴标、装箱及捆箱的操作技术，并对这七个环节进行管理，以便酒厂井然有序地进行生产，提高生产效率，增加经济效益。

任务实施

【步骤一】学习常用的白酒包装设备

1. 包装设备

（1）洗瓶机：主要有以下 3 种。

①XP - 25 型洗瓶机：适于洗新瓶；旧瓶需在热碱水池中浸除商标及污物后，才能进入该机。本机可与 YG2 - 30 灌酒机及 Y - 12 型压盖机配套，多用于

中小型白酒厂。

a. 结构和运转：采用链套、链条传动；配用 XP - 12 型输送带，带长 12m、宽 90mm，带速为 5.3m/min；配用电动机 JO2 - 21 - 6。全机进出口处由 2 ~ 4 人装卸瓶子，即将瓶子倒插入链套，传入挡水罩进入喷水轮，由循环水泵的高压水对瓶内外进行喷淋洗涤后，传送到挡水罩外，再由人工转入输送带上进入灌酒工序。

b. 主要技术参数：有喷水轮 9 个，主电动机功率为 3kW，水泵电动机功率为 7.5kW。可洗涤装量为 0.5kg 的普通或异形玻璃瓶，生产能力为 2500 瓶/h。

②JC - 16 型洗瓶机：为无毛刷冲洗瓶机。

a. 结构及运转：全机由进瓶装置、箱体、出瓶装置、链条及瓶盒装置、除商标装置、主机传动装置、电控自控系统、泵和管路系统等组成。瓶子的进出口设于同一端，下部为进瓶链道，上部为出瓶链道。瓶子由输送带通过进瓶链道及振动装置得以自动排列，经托瓶机构导入瓶盒中。每排瓶盒组合在两侧链条上，且互相冲压而成。由传动机构的摇臂推动链条间歇运动而进瓶和出瓶。

浸瓶的 4 个箱体安装于一起，箱体中焊有标导轨，安装各种浸槽、加热器及用途不同的喷管。由水泵将洗涤液或清水加压后，从喷嘴中喷射。洗涤液可重复使用。机尾有除标网带，将瓶渣、商标等排出箱外。排水后的瓶由凸轮推至出瓶链道。机体设有故障停机装置。

b. 主要技术参数：生产能力为 4000 ~ 8000 瓶/h。适应瓶的最大规格为 d 84mm × 320mm。每排瓶数为 16 个，瓶间距为 100mm。瓶盒排数 158 个，链条节距为 160mm。运行周期为 38 ~ 19min。预浸槽、一浸槽、二浸槽、热水槽及温水槽的容积分别为 1.3m³、4.8m³、3.4m³、1.7m³、1.2m³。有 4BA - 25（A）型水泵 3 台、2BA - 6（A）型水泵 2 台。总的电动机功率为 27kW，耗水量为 4 ~ 5t/h，耗汽量为 0.4t/h。外形尺寸为 9640mm × 3565mm × 3135mm，设备总重为 25t。

③J2c - 1 型洗瓶机：为浸冲结合型的转鼓式洗瓶机。

a. 结构：由进出瓶链道、洗瓶转鼓、喷冲装置、除标装置、传动系统、故障停车装置等部件组成。

b. 主要技术参数：生产能力为 1000 ~ 2000 瓶/h。适应的最大瓶子为 d 80mm × 320mm。每排瓶数 12 个，瓶距 100mm。转鼓直径为 2000mm。碱液泵为 4BL - 25A，功率为 4kW，流量 $Q = 72m³/h$，扬程 $H = 11m$；洗涤液泵为 40B2 - 18，功率为 1.5kW，流量 $Q = 10m³/h$，扬程 $H = 11m$；温水泵为 40B2 - 8，功率为 1.5kW。主电动机为 JOD2 - 41 - 8。运转周期为 12 ~ 36min。减速机为 XWE1.5 - 84，速比为 473。电动机总容量为 9kW，耗水量 1t/h，耗汽量 80kg/h。外形尺寸为 3800mm × 3000mm × 2500mm。设备总重为 3.5t。

浸洗瓶运作过程如图 5 – 43 所示。

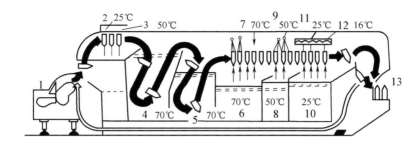

图 5 – 43 浸洗瓶过程示意图

1—进瓶　2—第 1 次瓶洗预热（25℃）　3—第 2 次淋洗预热（50℃）　4—洗涤剂浸瓶（70℃）

5—洗涤剂浸瓶　6—洗涤喷洗（70℃）　7—高压洗涤瓶外壁　8—高压水喷洗瓶内（50℃）

9—高压水瓶外喷洗（50℃）　10—高压水瓶内喷洗（25℃）　11—高压水瓶外喷洗（25℃）

12—高压水瓶外喷洗（15～20℃）　13—出瓶

（2）灌酒机　白酒厂多使用低真空灌酒机。其灌酒过程主要由传动系统及真空灌酒系统配合完成。洗净的空瓶由不等距螺旋经拨瓶进入托瓶圆盘，在升降导轨作用下，托瓶套筒上升，使瓶口和灌酒阀接触进行真空灌酒；瓶口与灌酒阀脱开时托瓶套筒沿导轨下降，酒瓶输出至传送带，进入压盖工序。

①YG2 – 30 型灌酒机：其生产能力为 2500 瓶/h。灌酒头数为 30 头。酒阀升降高度为 110mm。工作台面至乳胶垫调整距离范围为 170～310mm。工作台转速为 1. 37r/min；工作台直径为 1100mm；工作台距地面为 976～1022mm。外形尺寸为 1400mm × 1100mm × 2177mm。

②G – 45 型低真空灌酒机：45 头。生产能力为 6000～10000 瓶/h。真空度为 4903Pa。适应瓶子规格为 d（60～80）mm ×（220～310）mm。主机功率为 3kW。叶氏 1#鼓风机的风压为 9. 8kPa，功率为 1. 7kW。采用皮带无级变速。外形尺寸为 2100mm × 2508mm × 2530mm。设备总重为 4t。

（3）压盖机　压盖机有手压式、脚踏式、电动式 3 类，大、中型白酒厂多采用电动式连续压盖机。一般名优酒厂采用扭断盖，由滚压式封口机封口；普通白酒多用冠盖，由压盖机压封。

①灌装压盖机：为灌装、压盖联合的机械。例如单缸、低真空的 12 头灌酒机与单头压盖机联合的灌装压盖机；低真空双缸 20 头灌酒机与 6 头压盖机联合的灌装压盖机。

② Y – 12 型回转式压盖机：生产能力为 6000～10000 瓶/h。适应的瓶规格为 d（60～80）mm ×（220～310）mm，12 头。主电动机功率为 3kW。采用皮带无级变速，调速范围为 11～16r/min。送盖的空气量为 20L/h；供盖的电磁振

动器功率为 300W。磁性输盖装置的薄型磁性带宽度为 75mm。外形尺寸为 1371mm×951mm×2255mm。设备重为 2.5t。

（4）国产回转式贴标机　生产能力为 3000～10000 瓶/h。适应瓶规格为 d（60～80）mm×（230～300）mm。贴身标及颈标各 1。取标板数为 8，夹板数为 6。主电动机为 J2T2-32-4，3kW 电磁调速电动机。压缩空气耗量为 0.3m³/min。外形尺寸为 3300mm×1760mm×1860mm。机重为 1.8t。

（5）捆箱机　采用 TDB 型手提式打包机，可用铁带捆包木箱及纸箱；SDB 型打包器可用塑料带捆包纸箱。

2. 现代化包装车间设备流程

现代化包装车间设备流程如图 5-44 所示。

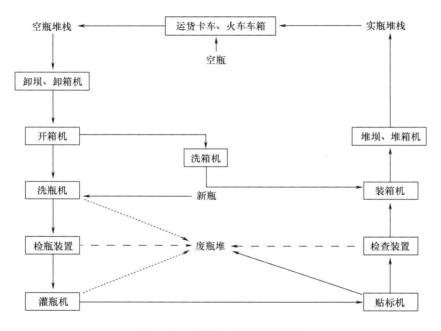

图 5-44　现代化包装车间设备流程

包装车间须远离锅炉房和原材料粉碎、制曲、贮曲等粉尘较多的场所。应能防尘、防蚊蝇、防虫、防鼠、防火、防爆。灌酒室应与洗瓶室及外包装室分开。包装车间只能存放即将灌酒的容器。清扫包装车间时，需移去或遮盖好生产线上的包装容器和设备，以免污染。

瓶酒的包装过程分为洗瓶、灌酒、封口、验酒、贴标、装箱、捆箱 7 个步骤。流程如下：

手工上瓶→厢式洗瓶（5 道循环水内冲洗→2 道净水内冲洗→在内冲洗的同时外冲洗→6 道沥干）→自动在线下瓶→动力输送链→自动进瓶→自动灌装→自动出瓶→动力输送链→

自动进瓶→自动封口（自动压盖、自动旋盖、自动打塞）→自动出瓶→动力输送链→风刀式烘干→动力输送链→自动喷码→动力输送链→自动贴标（如手工贴标需增加贴标工作台）→动力输送链→自动装箱（如手工装箱需增加装箱平台）→动力输送链→自动封箱→自动输箱带→人工下线入库

现代包装线流水作业见图 5 – 45。

图 5 – 45　现代包装线流水作业

（1）洗瓶

①手工洗瓶

a. 新瓶洗涤：先用热水浸泡，瓶温与水温之差不得超过 35℃，以免瓶子爆裂。浸泡一定时间后，经两道清水池刷瓶，再用清水冲洗后，将瓶子倒置于瓶架上沥干。

b. 旧瓶洗涤：先将油瓶、杂色瓶、异形瓶及破口瓶等不合格的酒瓶检出。将合格瓶浸于水池，缓慢通蒸汽使水温升至 35℃左右。再按瓶子的污垢程度，在池内加入 3% 以下的烧碱，并逐渐将水温升至 65 ~ 70℃。然后采用清水喷洗或浸泡的方式洗去碱水，并用毛刷刷洗或喷洗瓶中残留的碱液。最后用清水喷洗后，放于瓶架上沥干。自瓶中滴下的水，与酚酞指示液应呈无显色反应。

旧瓶洗涤液的配方较多，但均要求其高效、低泡、无毒。按洗涤用水的硬度、瓶的污染类型，以及洗去商标、去除油垢等要求，通常选用下列常用的一些单一或混合洗涤液，以混合洗涤液效果为好。

Ⅰ. 3% 的烧碱溶液。要求烧碱中 NaOH 的含量不低于 60%。

Ⅱ. 3% NaOH、0.2% 葡萄糖酸钠混合液。

Ⅲ. 3%KOH、0.3%葡萄糖酸钠、0.02%连二亚硫酸钠混合液。

Ⅳ. 1%~2%的碱性洗涤剂。其溶质的组成为：NaOH 85%，聚磷酸盐10%，硅酸钠4%，三乙醇与环氧丙烷缩合物1%。

Ⅴ. 配制7t洗涤液。内含NaOH 0.1%，橄榄油1.7kg，洗衣粉7kg，平平加2kg，二甲基硅油30mL。

Ⅵ. 配制50t洗涤液。内含NaOH 3%~5%，工业洗衣粉3kg，平平加0.3kg，三聚磷酸钠1kg，磷酸三钠1kg，皂化值为51的皂用泡花碱3kg。

②机械洗瓶：机械洗瓶有机械刷洗和高压喷洗两种方式。机械刷洗是将经碱液浸泡后的瓶子，利用刷子刷洗瓶子的内外壁，去除污物及商标。目前国内常用的白酒洗瓶机大多采用高压喷洗法。洗瓶机使用前须冲洗干净，及时更换碱液，保证浓度符合要求。反冲喷水管须刷干净，以保证喷冲压力。机械洗瓶的操作过程如下。

a. 浸泡：瓶子通过进瓶装置进入洗瓶机，先经25℃水喷淋预热，再经50℃热水喷淋预热后，进入装有70℃碱液的槽中浸泡。

b. 碱液喷洗：用上述70℃碱液高压喷洗瓶子的内壁后，再喷洗瓶子外壁，使污物及商标脱落。

c. 热水、温水喷洗：先用50℃的高压水喷洗瓶的内部，再喷洗瓶的外壁。然后用25℃高压温水喷洗瓶子内、外部。

d. 清水淋洗：用15~20℃清水淋洗瓶子内、外壁后，沥水。为保证瓶内无水，可用无菌压缩空气驱除瓶内积水。

在洗瓶过程中，喷洗用的碱水可循环使用。但应及时将破碎瓶子、商标及污泥等滤除，以免堵塞喷嘴。

（2）验瓶　要求瓶子高度、规格、色泽均一致；瓶口不得有破裂的痕迹；瓶内的破损碎屑须清除，不能有任何污物存在。验瓶有以下两种方式。

①人工验瓶：瓶子的运行速度为80~100瓶/min。验瓶的灯光要明亮而不刺眼。利用灯光照射，检查瓶口、瓶身和瓶底，将不符合要求的瓶子一律挑出。验瓶者要精神集中，并应定时轮换。

②光学检验仪验瓶：瓶子运行速度为100~800瓶/min。污瓶可自动从传送带上被排除。

（3）灌装　白酒经砂滤棒或硅藻土过滤机过滤后进行勾兑、调味，或先勾兑、调味，后过滤，再泵入灌装车间贮酒罐进行灌装。

洗净、沥干的白酒瓶子只能灌装白酒，不得盛放其他物品或作其他用途，以免误入灌装线而造成质量事故。

灌酒操作人员在灌酒前或搬运其他物品之后，必须洗手。

各种类型的灌酒机及压盖机，经调试合格后才能正式使用。这些设备须注意保养，并保持清洁卫生。

目前，国内对白酒等不含二氧化碳的饮料酒的灌装，多采用低真空灌酒方式的 30 头或 45 头等灌酒机。灌酒机主要包括传动系统及低真空灌酒系统两部分。低真空源多选用叶氏抽气机。

①传动系统：洗净的瓶子经传送带传送，由不等距螺旋通过拨瓶轮进入托瓶转动圆盘。主电机经无级变速、蜗轮减速器，通过齿轮带动转动圆盘，并使托瓶套筒在导轨上升降。当瓶子上升时，与灌酒阀接触进行真空灌酒，瓶子下降后进入传送带输向压盖机。为避免运转故障，在上述传动系统设多点保护装置。

②真空灌酒：灌酒系统主要包括酒灌、真空室、导液管、灌酒阀等，材质多为不锈钢。酒液由输酒管进入灌酒机的酒罐，酒液高度由液位调节阀（浮球）来控制。酒罐与真空室由真空指示管连接，并插入酒罐的酒液中。真空室由管道与抽气机连接，进气管由旁通阀调节运转时真空室的真空度，抽气机将真空室内的气体不断地向外排出。

当托瓶圆盘的升降机构上升时，瓶口与灌酒阀密封，这时瓶内的空气由酒阀的导气管吸入真空室，并由抽气机排出，使瓶内形成压力降，当达到一定的低真空度时，酒罐内的酒液由输酒管进入瓶内。待酒液接触导气管的管口时，将吸气口封闭而停止灌酒，多余的酒液由导气管吸入真空室，因而瓶内的酒液位置可与导气管口持平。真空室内的液位指示管又会将由导气管吸入的酒液回流到酒罐中。当传动机构配合到瓶子恰好灌酒完毕后，瓶口与酒阀脱开，酒阀内的酒液排出，形成新的液位。瓶酒由圆盘输出口排出。如上进行循环运作。洗净后的酒瓶须及时用完，以免受到污染。

（4）封口　在灌装、封口前，要避免酒瓶碰撞，以免损坏瓶边、瓶口而影响封口质量。陶瓷酒瓶多采用人工封口。中、小型白酒厂冠形瓶头的封口，大多采用手压式或脚踏式压盖机，该机也可用作大型瓶装线的辅助性压盖设备。使用大型压盖机压盖时，瓶盖预先经压缩空气吹除细小的尘埃，再送入压盖机的瓶盖贮斗，瓶盖沿着滑道流入压盖机。压盖机的盖模弹簧压力，需按瓶盖的内垫厚度和马口铁盖的厚薄调整。要求压盖严密端正。

（5）验酒　操作方法同空瓶检验。要求酒液清澈透明，无悬浮物和沉淀，装量合乎标准；瓶及瓶盖不漏气、不渗酒；瓶外壁洁净、无污点。

（6）贴标　瓶装酒标志须符合《食品卫生法》及 GB 7718—1987《食品标签通用标准》的规定。

一般中、小型白酒厂多利用人工贴标，大厂采用机械贴标，或人工、机械贴标两法并用。

①贴标要求：按规定位置紧贴瓶壁，要求整齐、不脱落、不歪斜、不皱

折。若使用人工贴标，则先将很多商标纸折成如人字形的特殊形状，并置于盘中上面铺有一层纱布的浆糊上，使商标纸左右两面的边缘沾上浆糊。贴标时，将瓶子斜置于特制的小木架上，贴上标签纸后，最好用软布将其抚平压实。

②浆糊：通常采用糊精液、酪素液或醋酸聚乙烯酯乳液等；若自制浆糊，可用马铃薯淀粉1kg，加2～2.5kg水调成浆状，在不停地搅动下加入液态碱130mL。再按使用情况加温水调节其黏稠度。

③机械贴标：贴标机的工艺流程为：供浆糊系统→取标板抹浆→标纸盒取标→夹标转鼓→转瓶台贴标→压标→滚标装置。供浆糊系统可用电控固定频率开闭气阀，在气缸上下动作下，浆糊沿管道上升溢于浆糊辊上。每个取标板和托瓶按不同动作需要，在槽形凸轮作用下做不同角度的摆动。主电机为电磁调速电机。自动装置设有连锁安全装置，在某一故障消除前，不能随便开车。

（7）装箱、捆箱　瓶装酒外包装的木箱、纸箱或塑料箱上，应注有厂名、产地、酒名、净重、毛重、瓶数、包装尺寸、瓶装规格，并有"小心轻放""不可倒置""防湿""向上""防热"等指示标志。周转箱应定期清洗，不得将泥垢杂物带入车间。

中、小型厂多采用人工装箱。装箱操作要求轻拿、轻放，商标须端正整洁，隔板纸要完整，能真正起到防震、防碰撞的作用。装箱后须经质量检验员检查合格，并每箱放入产品质量合格证书，再用手提式捆箱机捆箱。捆箱前先用胶水及牛皮纸条封住箱缝。捆箱材料为腰带及腰扣。铁腰带的规格为宽12～16mm、厚0.3～0.5mm；塑料腰带为宽15.5～16mm，厚0.6～1mm。腰扣为标准型扣。捆箱的续扣、拉紧、咬扣、切断由一机完成。切忌捆得松松垮垮。

（8）运输和保管

①运输：运输工具应清洁、干燥。严禁将白酒与有腐蚀作用或有毒的物品一起混运。白酒上面须用篷布遮盖，以免日晒、雨淋，并应预防强烈震荡。装卸时须轻搬轻放。应采取一切有效措施，避免白酒运输过程中的一切损失。

②保管：工厂成品库的容量应与生产能力相适应；库内应阴凉、干燥，并有防火设施。

销售单位的酒库，若存放非瓶装的较大包装的酒，则室温不宜超过25℃，相对湿度应为70%～80%。库内及其四周均须注意防火，应设置防火用具，如喷雾灭火器、沙子等，切忌用水灭酒火。在夏季，酒精挥发速度较大，故若酒库不是地下室或半地下室，则应采取降温措施，不使阳光直射，每天应多次喷洒适量清水，以保持室内一定的湿度、减少酒精的挥发量。若保管瓶装白酒，应使用比较干燥、清洁、蔽光和通风较好的仓库。库内温度也应低于25℃，并备有防火设施。应按不同品种堆码，酒箱应安放平稳，堆码高度不超过1.5m，纸箱码放不得超过6层。

任何成品酒的仓库内，严禁有腐蚀、污染的物品同库堆放。

白酒库内须严禁烟火，库内电灯应设防护罩，不能用蜡烛、油灯等明火照明，以免引起火灾。

白酒的保管，还须建立账目，做好收、付、存的记载，做到日结、日清、账货相符。瓶酒应按品种和规格建有卡片，以便收、付和盘点。散装白酒应一批（或一罐）一清，以利于溢、耗原因的分析，并可及时处理。白酒存库期间，除经常查看容器是否渗漏、封口是否严密外，对金属瓶盖还须检查是否锈损，酒液有无变色变味。还应以严格的检查制度定期盘点。

3. 白酒包装过程中的注意事项

（1）包装材料的要求

①包装形式因酒的档次而异，不要一等产品三等包装，也不要三等商品一等包装。

②要符合"科学、牢固、防漏、经济、美观、适销"的要求。

③包装材料不能采用有损酒质或有害人体健康的材料。

（2）包装材料的规格及质量

①包装材料分类：可分为木制品、纸制品、金属制品、玻璃、陶瓷制品包装。

②包装容器形状分类：可分为箱、桶、坛、罐、缸、瓶等。

（3）陶瓷或玻璃瓶要求　容积准确并留有余地，外形美观，放置时能稳定。要便于清洗罐装贴标和倒酒，瓶口直径不小于28mm，不大于36mm。不能有漏酒现象，瓶口与瓶盖要严密吻合。便于机械化和自动化，便于装箱，在运输过程中不易破损。

（4）酒瓶封口

①酒瓶封口：首先要使消费者有依据可信是不能随意更换、启动封口的原包装。严密不挥发或渗透又易于开启，开启后又有较好的再封性。

②冠盖：又称压盖或牙口盖，通常用于冠形瓶头的封口。轻工部颁发标准号QB-653-75瓶口冠盖规格，是按国家统一标准的规格。

③扭断盖：又称防伪盖，用于螺口瓶的封口。在压线未扭断时表示原封，启封时反扭封套使压线断裂。

（5）商标　商标必须向国家注册后专用，有法律保护。有正标背标。正背标注明厂名、等级、装量、原料、制法、酒精度以及出厂日期。商标材料应用耐湿耐碱性纸张。

检查与评估

一、任务实施原始记录表

白酒包装线的环节	注意事项	管理方法
洗瓶		
灌酒		
封口		
验酒		
贴标		
装箱		
捆箱		

二、考核评估

序号	考核项目	满分	考核标准	考核情况	得分
1	实习纪律	10	严格遵守实训实习纪律，服从辅导教师和相关人员的管理，无迟到、早退、旷课等现象，迟到一次扣3分，旷课一次扣10分，早退一次扣5分，着装不规范扣5分		
2	安全教育	10	熟悉实验室及工厂的安全操作规程，认真落实安全教育，衣着、操作符合厂方规定，违反一次扣5分		
3	实训项目考核	50	每个单项目进行考核，每个人完成白酒包装操作得满分，否则扣5~50分		
4	现场提问	30	对本学期涉及的理论知识进行提问考核，回答基本正确扣1~25分，回答错误不得分		

三、思考与练习

1. 设计白酒包装车间的注意事项是什么？
2. 白酒包装工艺包括哪几个步骤？
3. 洗瓶的方式有哪些？
4. 验瓶的方式有哪些？

任务五　包装质量检测

学习目标

知识目标

1. 掌握灌装前检查工作内容。
2. 掌握灌装过程检查方法。
3. 掌握成品抽检方法。
4. 掌握质量报告填写方法。
5. 掌握质量管理相关要求。

能力目标

1. 能完成灌装前检查工作。
2. 能完成包装过程检查工作。

项目概述

为了保证酒的品质，确保包装合格，使白酒顺利进入市场，在白酒生产过程中应进行灌装前检查、灌装过程检查及成品抽检。

任务分析

本任务是掌握灌装前检查、灌装过程检查及成品抽检的注意事项，并进行实际操作，严格把关白酒生产过程，确保合格的白酒流入市场，提高销售。

任务实施

【步骤一】白酒包装前的检查

1. 生产计划单的检查

（1）确认　根据生产计划单，对下达的生产计划进行检查核对，包括以下内容：①产品种类；②产品数量；③规格型号；④生产日期及喷码状况；⑤是否投奖、促销。

（2）检查

①对生产计划的内容逐一核对。

②确认包装物以及待灌装酒与计划相符。

③确认日期、班次及喷码状况与计划相符。

2. 灌装前检查

①确认待灌装酒与生产品种相符。

②检查包装材料与品种是否相符，酒箱、酒盒折叠是否正确，包材印刷字迹清晰、标签标注内容是否正确，瓶盖清洗是否干净。

③确保冲瓶用水符合《生活饮用水国家标准》。

【步骤二】白酒包装过程的检查

1. 灌装过程检查

（1）洗瓶　检查洗瓶水是否洁净并按时更换。酒瓶刷洗是否彻底。确保毛刷能将内壁刷洗干净，瓶子外壁冲洗洁净，不留污物，且无刷瓶造成的划痕、字迹模糊等现象。

瓶子进入冲瓶机冲洗干净后，查看清洗效果，标准为：瓶内外无污物，倒置酒瓶，瓶壁不挂水珠，瓶内残水量≤3滴。

（2）空瓶检验　检查标准为：酒瓶内外壁无污物、无划痕，瓶身印刷文字图案清晰、正确、无脱落，瓶口无裂纹、无缺口。

（3）灌装　检查灌装计量是否准确，净含量允许误差要低于国家标准值，内控指标：产品净含量在 450~500mL 范围时，允许误差为：≤10mL。

检查灌装前后酒精度误差，允许误差为：≤0.05% vol。

2. 成品灯检

成品酒装瓶后的检验是很重要的一关，要保证：酒质清亮透明，无肉眼可见的杂质和悬浮物，酒液位符合净含量要求，酒瓶无缺陷。

质检员要监督指导灯检人员严格控制每一件产品的流出，保证全部符合质量要求，对于不达标的产品让其返工处理。

3. 压盖

检查瓶盖是否洁净，套盖时保证瓶盖和瓶身文字上下对应，压盖严紧，不漏酒，不脱落，有压坏盖子或压不上的情况时，通知相关人员对机器进行调修并检查瓶盖是否配套。

4. 喷码

确保生产日期、批次喷码正确，字迹清晰完整。若发现不合格项应及时通知生产人员进行整改。返工后仍达不到质量要求的，严重者做报废处理，有轻微缺陷的请示相关负责人，批准后可做让步处理或改作他用。

5. 装箱

（1）根据生产计划核对是否需要放置礼品、奖卡。

（2）检查铆钉是否装订牢靠，保证不漏打、不松动，对不合格的产品依据严重程度进行返工或降级处理。

（3）确保装箱严密，无错位，胶带平整。

（4）对不符合标准的要求车间人员进行返工处理，并对检查到的质量情况认真做好记录，并及时汇报。

【步骤三】成品抽检

1. 成品抽检的方法

（1）首件检查　对首件产品，抽取 2 瓶进行外观的检查，包括：封箱、喷码、酒瓶、瓶盖、酒质以及投奖情况的检查，并由化验人员对感官和理化指标进行检验，并于灌装前进行比较。

（2）随机抽检　生产过程中，每 2h 进行一次净含量和酒精度的抽查，除此外可进行不定时地抽检，每次停机半小时以上，开机后要对装瓶酒进行酒质和净含量的检测，发现不合格的停机检查、调整。根据生产量分段抽取 4～8 瓶酒样送化验室检测并留样。

入库前检查成品装箱后，仔细检查每一垛产品，确保入库的产品全部合格，按 1:100 的比例进行随机抽样检查。对产品的质量情况做好记录。

2. 白酒包装车间卫生管理制度

（1）车间操作人员必须保持良好的个人卫生，应勤理发、勤剪指甲。不得佩戴手表及戒指等饰物。手上不准擦涂护肤品，不得将无关的个人用品和饰物带入车间。在车间内不得吃食物、吸烟和随地吐痰。

（2）进入生产车间前，必须穿戴好整洁的工作服、工作帽。工作服应盖住外衣，头发不得露出帽外。不得穿工作服进入厕所或离开车间外逛。进灌装间的要洗净双手，经消毒后方可进入车间，洗手范围应从手指到胳膊部关节，直至无油污，无任何异常气味为止。要戴手套的工序应戴上手套。

（3）保持车间机器设备清洁卫生。每次操作前，按规定进行清洗，重要设备按无菌操作严格执行。操作结束后，同样进行清洗。保持卫生原貌，关键部位按操作规程灭菌，达到无菌无尘要求。

（4）保持车间环境整洁，车间内不准堆积杂物（包括书报）；不准乱丢、乱放、乱吐痰；不准吃早餐和点心。尽可能杜绝有害环境卫生的蝇、鼠等有害物滋生。

（5）场外由清洁工打扫，每天打扫两次；机器设备由维修工打扫，每天一小扫，一周一大扫，做到机器设备无灰尘。

（6）洗瓶机外部及洗瓶场地由择瓶人员打扫，每天用水冲洗，洗瓶机内部由维修工打扫，一周一次保持清洁。灌装机由工作人员生产停机后及时打扫，保持清洁，并套上白布袋。

（7）班组辅助人员负责堆放，整理盒子、箱子的场地卫生，生产工位由该工位人员负责卫生，做到场地内无胶性纸屑和其他杂物。

（8）灌装生产停机后灌装场地由班组领导负责及时打扫，用水冲洗，保持卫生。

（9）不准随地吐痰。

检查与评估

一、任务实施原始记录表

包装环境卫生打扫执行情况	
生产工艺具体步骤环节	执行情况
洗瓶区	
灌装区	
灯检区	
包装打盒区	
成品堆放区	

产品申检单

时间：　年　月　日

包装的产品名称		规格型号	
抽样地点		抽样量	
申检人		抽样时间	
抽样基数		产品批次	
申检项目			
抽检人签字		负责人签字	

成品包装检验质量报告单

物料名称	批号	规格/数量	供货厂家	验收情况	检验结论	抽检人	抽检日期

二、 考核评估

序号	考核项目	满分	考核标准	考核情况	得分
1	实习纪律	10	严格遵守实训实习纪律，服从辅导教师和相关人员的管理，无迟到、早退、旷课等现象，迟到一次扣3分，旷课一次扣10分，早退一次扣5分，着装不规范扣5分		
2	安全教育	10	熟悉实验室及工厂的安全操作规程，认真落实安全教育，衣着、操作符合厂方规定，违反一次扣5分		
3	实训项目考核	50	每个单项目进行考核，每个人完成白酒包装操作得满分，否则扣5~50分		
4	现场提问	30	对本任务涉及理论知识进行提问考核，回答基本正确扣1~25分，回答错误不得分		

三、思考与练习

1. 灌装前检查什么？
2. 如何进行灌装过程检查？
3. 成品抽检方法有哪些？
4. 如何填写质量报告？
5. 质量管理相关要求有哪些？

项目六　白酒贮存与包装的质量与安全

学习目标

知识目标

1. 掌握质量管理体系的重要管理制度。
2. 掌握贮存、包装工艺的质量控制关键点。
3. 学会进行生产过程的质量分析。

能力目标

1. 能具备从事质量管理相关工作的能力。
2. 能完成质量分析的工作能力。
3. 能进行白酒质量安全危害与风险分析及评估。

项目概述

　　白酒企业最重要的风险防控和质量管理环节就是白酒贮存与包装两个工艺环节，按照白酒产业链的视角分析，质量安全要从原料采购（包括成品酒包装的原材料）、酿造加工、贮存勾调、白酒包装、产品流通、产品消费方面学习先进科学的质量管理规范，能帮助企业改善经营现状，能及时发现生产过程中的问题，也是体现出白酒企业要严格落实自己的主体责任，从源头保障白酒质量安全。

任务分析

　　本任务的重点是能让学生了解企业的质量管理流程和关键控制点，并有针对性地对贮存与包装环节进行分析，学会防控风险，遇到突发问题，具备解决问题的能力，在白酒的发展中继承、创新。

[任务实施]

任务一　白酒企业的质量管理流程

【步骤一】学习质量管理体系模型的操作方法

1. 学习质量管理体系的依据

白酒企业的信誉和业绩，取决于产品和服务质量能否满足顾客的要求，而能实现这一目标的根本途径，是按照质量管理标准要求结合本公司产品特性与顾客要求，在其企业内部建立并实施质量管理体系。

企业质量管理，需依据 GB/T 19001—2008 标准要求，结合公司实际编制《质量管理手册》，内容必须符合 GB/T 19001—2008《质量管理体系》要求。公司修订颁布的《管理手册》阐述了公司质量方针及质量目标，对公司质量管理体系做了具体描述，并提出了具体要求，是公司生产经营和服务过程中质量管理的工作指南和行动准则，对内是质量管理法规文件，对外是公司的质量承诺，同时也为第三方认证提供依据。

2. 质量管理组织机构图

质量管理组织机构图见图 6 - 1。

3. 质量管理体系职责分配表

质量管理体系职责分配表见表 6 - 1。

表 6 - 1　质量管理体系职责分配表

	总经理	质检科	包装车间	贮酒车间	供应科	生产车间	技术中心
1.1 总要求	●	●	●	●	●	●	●
1.2 文件要求	□	●	●	●	●	●	●
1.3 记录控制	□	●	●	●	●	●	●
2.1 管理承诺	●	●	●	●	●	●	●
2.2 以顾客为关注焦点	●	□	●	□	□	□	●
2.3 质量方针	●	●	●	●	●	●	●

续表

	总经理	质检科	包装车间	贮酒车间	供应科	生产车间	技术中心
2.4 质量目标	●	●	●	●	●	●	□
2.5 质量管理体系策划	□	●	●	●	●	●	□
2.6 职责、权限与沟通	●	□	□	□	□	□	□
2.7 管理评审	●	●	●	●	●	●	□
3.1 资源提供	●	□	●	□	●	□	□
3.2 人力资源	●	□	□	□	□	□	□
3.3 基础设施	●	□	□	□	●	□	□
3.4 工作环境		●	●	●	●	●	●
4.1 产品实现的策划	□	□	●	□	□	●	●
4.2 包装设计开发	□	□	●	□	□	□	●
4.3 采购控制	□	□	□	□	●	□	□
4.4 生产和服务提供的控制	/	□	□	□	□	●	●
4.5 生产和服务提供过程的确认	/	□	□	□	□	●	●
4.6 标识和可追溯性		●	●	●	●	●	□
4.7 产品防护		●	●	●	●	●	●
4.8 监视和测量设备的控制		●	●	●	□	●	●
5.1 内部审核		●	●	●	●	●	●
5.2 过程的监视和测量		●	●	□	□	●	□
5.3 产品的监视和测量		□	●	□	□	□	●
5.4 不合格品控制		●	□	□	□	●	□
5.5 数据分析		□	□	□	□	□	□
5.6 改 进		●	●	●	●	●	●

说明："●"为质量管理重点执行部门；"□"为质量涉及的配合部门。

以上述表格中的 4.8 产品防护为例：

产品防护：产品从实现到交付的全过程（包含原料接收、产品加工、产品放行、产品交付），企业要求各相关职能部门对其进行防护，防护内容包括标识、包装、搬运、贮存和运输。产品包装：产品包装应完整，无渗漏，无破损，外观完好，标识明确、清晰，对产品具有防护作用。产品贮存：原料、辅料、半成品、成品应分类、分区，按产品特点和适宜的贮存要求进行存放并标识清楚，防止损坏。产品发货应严格遵循先进先出的原则。产品搬运：产品在搬运过程中应采用与产品特性相适宜的搬运方法，搬运工具应干净、无异味，且不对产品造成二次污染。搬运有特殊要求的产品应按照要求操作（如成品酒、酒瓶在搬运过程中应轻拿轻放）。

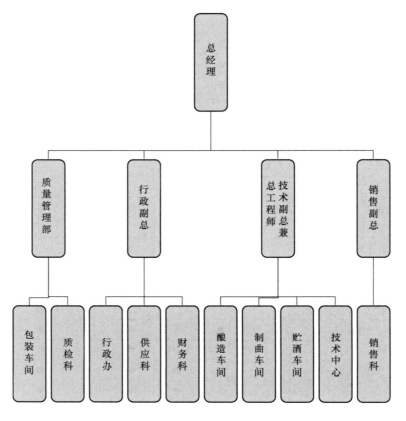

图 6 - 1 质量管理组织机构图

【步骤二】学习质量报告和不合格品相关要求

（1）根据抽检需要填写《产品申检单》。

（2）依据抽检结果如实填写《瓶装酒质量检查记录》和《成品酒检验质量报告单》，对于合格的产品通知车间进行入库。

（3）对于不合格品进行记录。填写《不合格品报告》《不合格品统计表》，并由质量管理人下发《不合格品处理单》和《纠正和预防措施处理单》，质检员对整改结果进行验收。

（4）生产结束，汇总产品质量检查结果，提出改进意见。

（5）不合格品的控制 白酒生产企业不论是生产、贮存、包装、销售各个环节，必须建立《不合格品控制程序》对不合格品的处置的职责和权限进行规定，确保对其进行识别和控制、响应，防止非预期使用或交付。白酒的包装环节对不合格品的控制最严，因为直接影响企业产品的形象。不合格品控制主要内容包括：

①识别和评价不符合的产品。

②实施纠正，如返工或进行一步加工以消除发现的不合格，应对纠正后的产品再次进行验证，以证实符合要求，并评审所实施的纠正。

③无法返工的，应采取措施，包括销毁或作废，防止其原预期的使用或应用。

④应保持不合格的性质、原因和后果以及随后所采取的任何措施如纠正的记录。

⑤当在交付或开始使用后发现产品不合格时，组织与不合格的影响或潜在影响的程度相适应的措施，如产品还在公司控制范围内，应封存，否则应启动撤回。

不合格品处理所需工作表格见表6-2，表6-3，表6-4。

表6-2　包装异常品——评审单

编号：企业名称字母简写—部门—批号　　　　　　　　No：

异常品类别：原辅料□　　　　半成品□　　　　成品□			
品名/规格		生产单位	
批号		供应商	
数量		生产日期	
异常状况： 发现者：　　　　质检员：			
评　审			
生产部（包含白酒贮存车间、包装车间）：		质检部：	
销售部：		其他部门：	
决议： 总经理/日期：			
执行结果确认： 确认人/日期：			

表 6 - 3　退货申请表

编号：企业名称字母简写—部门—批号　　　　　　　　　No：

拟退货客户		拟退货日期	
品　名	规　格	数　量	仓管、生产复检结果

退货原因：

销售部意见：

生产部意见：

其他部门意见：

财务部费用处理意见：

总经理意见：

处理结果：

表 6 - 4　报　损　单

编号：企业名称字母简写—部门—批号　　　　　　　　　　No：

部　门：　　　　　　　　　制　单：　　　　　年　月　日

品　名	数　量	报损原因
部门意见		
分管副总审核 意见		
财务部 费用核算意见		
总经理 意见		
处理结果： 经办人/日期：		

【步骤三】 学习良好生产规范要求

1. 与酒接触的设备与工器具要求

白酒贮存与包装环节，重点规范设备与工器具有：载重吊车、抽酒泵、空气压缩机、洗瓶机、灌装机、压盖机、酒精测量仪，输酒管道、阀门等。必须进行使用前的清洗，干净卫生，其材料材质必须符合国家标准，使用范围和精密度必须符合实际生产的需求，定期进行维修保养，要与酒直接接触的食品机械，其材质必须是食品级，润滑油或者润滑膏必须符合 GB 4853—2008《食品级白油》，GB 23820—2009《机械要求　偶然与食品接触的润滑剂卫生要求》。食品级润滑剂与工业级润滑剂的相同点都是由基础油加添加剂调配而成。但区别是，食品级润滑剂除具有工业级润滑剂的一切功能外，所有成分和原材料都必须符合 FDA（美国食品药品监督管理局）21CFR 178 - 3570 的要求，且无毒无害。对于很多普通润滑剂而言，其基础油一般为溶剂抽提矿物油，成分比较复杂，含有芳香烃、硫化物和其他不具备润滑性能的杂质。为了提高其性能，还可能添加抗氧化剂、极压添加剂、油性剂、倾点下降剂等一系列添加剂，而这些添加剂往往具有一定的毒性。食品级润滑剂首先采用优质精制基础油，如加氢裂解的矿物油，它的链状饱和碳氢化合物占99%以上，不含芳香烃类，含硫量小于10mg/L，或者是人工合成的基础油，油分子被人工设计成一定的大小和结构，成分非常单一，在微观结构上不给氧化剂和水契合的空间。其次，采用无毒添加剂技术，以进一步提高食品级润滑剂的使用性能和安全性。这两者的结合保证了食品级润滑剂能够在特定的工作环境下发挥优良的润滑效果，并保持优异的抗氧化性、耐高低温和抗乳化性能，无污染。

实例：JAX系列润滑油、脂和美孚SHC Cibus系列食品级润滑油、脂的性能特点：优异的抗磨损性能；符合FDA食品级标准；优异的过滤性能；卓越的抗菌性能；优异的高温氧化稳定性；优异的防锈、防氧化性能；极大地提高了被润滑部件的使用寿命；减少了产品被污染的担忧。

2. 人员的要求

从事白酒贮存与包装的人员，要身体健康，持有食品从业健康资格证，同时，应根据岗位性质，持有相应的操作资格证，比如重型机械起重设备，必须持有特种设备从业资格证。管理人员必须经过专业的选拔、考核。各级质量从业人员，入岗前必须进行岗前学习和培训，能够达到相应岗位所要求的技能水平后才给予上岗，定期进行食品安全的相关理论知识学习和培训，或者外派到权威机构进行学习培训。

任务二　白酒企业的食品安全管理

【步骤一】危害源分析与防控

现代食品包装技术无疑大大延长了食品的保质期和保存期，不仅保持其风味，而且还保证了新鲜度，食品容器与包装包罗万象，已形成了技术、材料、设备为一体的完整工业体系，在食品加工、运输及家庭使用中占据着重要的位置。但由于种类繁多，标准不一，又有行业里面部分不良商家以次充好，不顾食品安全，为节约成本不顾国家和行业的标准，特别容易造成白酒的二次、三次污染，给消费者和企业带来危害。

1. 致癌物塑化剂超标分析与防控

分析：包装材料和容器具与酒接触时，特别容易引起各种物质的迁移，而塑料制品的邻苯二甲酸酯类化合物（塑化剂）极容易迁移到白酒中，必须对包材和容器具进行管控，降低危害风险。

防护：生产车间、贮酒车间、包装车间所有装盛酒的容器，均不采用塑料制品，最好使用食品级不锈钢材料接触酒。不锈钢材质符合GB 9684—2011《食品安全国家标准 不锈钢制品》标准规定。新制作的不锈钢罐体，焊缝必须用稀释后的冰乙酸进行酸洗。陶坛的封口采用陶质材料的盖再采用食品级 PE 聚乙烯材料外围密封。白酒包装的材料，如塑料制品酒瓶、瓶盖密封材料应为不添加塑化剂的食品级材料，符合国家食品安全标准的材料，并且要求供应商提供产品的委托检验报告，最好是国家认可的权威第三方检测机构。入库前进行验收。

2. 重金属超标的分析与防控

分析：重金属主要包含铅、锰、铬、砷、锑等元素，主要由于不合格陶坛、不合格不锈钢贮酒罐、不合格玻璃制品的重金属迁移污染。不锈钢钢板和钢带重金属溶出种类表见表 6 - 5。

表 6 - 5　不锈钢钢板和钢带重金属溶出种类表

标准及检测方法	使用新牌号	奥氏体型钢的化学成分（质量分数/%）	不合格品迁移白酒的风险
GB/T 3280—2007	06Cr19Ni10（S30408）	Ni（8.0 ~ 10.5） Cr（18 ~ 20） Mn（2.0） Si（0.75） C（0.08）	会导致重金属元素铅、镉、砷、锑迁移
GB/T 4237—2007			

陶瓷类容器重金属溶出量允许极限见表 6 - 6。

表 6 - 6　陶瓷类容器重金属溶出量允许极限

标准及检测方法	项目	溶出量允许限
GB 13121—1991《陶瓷食具卫生标准》	铅	≤1.0mg/L
GB 14147—1993《陶瓷包装容器铅、镉溶出量允许极限》	镉	≤0.10mg/L

玻璃容器重金属溶出允许极限见表 6 - 7。

表 6 - 7　玻璃容器重金属溶出允许极限

标准	类型	单位	允许量			
			铅	镉	砷	锑
GB 19778—2005《包装玻璃容器 铅、镉、砷、锑溶出允许限量》	扁平容器	mg/dm²	0.8	0.07	0.07	0.7
	小容器	mg/L	1.5	0.5	0.2	1.2
	大容器	mg/L	0.75	0.25	0.2	0.7
	贮存罐	mg/L	0.5	0.25	0.15	0.5

防护：在陶坛、玻璃、不锈钢制品的采购中，必须寻找具备生产许可证的厂家，并提供国家职能部门的权威检测机构的产品检验检测报告，采取小样回厂后，用高度酒浸泡后送检，产品验收一定要对照送检样品的小样进行验收。

【步骤二】学习白酒食品安全相关国家规定

2010 年前后，白酒消费需求从量的猛增，逐渐转型为对质量和食品安全的重视，目前白酒生产仍存在一定的质量安全隐患，如个别地方白酒生产许可管理不严，企业存在超范围超限量使用食品添加剂、以液态法白酒或固液法白酒冒充固态法白酒、白酒中邻苯二甲酸酯类物质（即"塑化剂"，以下简称塑化剂）污染及制售假冒伪劣白酒等问题。

1. *法律法规*

新修订的《食品安全法》于 2015 年 10 月 1 日起正式开始施行，被认为是史上最严厉食品安全法规，国家的相应政策标准也陆续出台，食品监管力度的加强，企业要按照《中华人民共和国食品安全法》《食品标识管理规定》《食品安全国家标准　预包装食品标签通则》（GB 7718—2011）《预包装饮料酒标签通则》（GB 10344—2005）《食品安全国家标准　蒸馏酒及其配制酒》（GB 2757—2012）等标准规定进行生产、贮存、包装。要严格按照白酒生产许可有关规定和条件组织生产，保证生产条件持续符合规定。在符合相关产业政策前提下，进行生产许可的延续、变更、注销等。不准倒卖、出租、出借白酒生产许可证，或以其他形式非法转让生产许可证。白酒生产许可审查细则修订工作已启动，明确将控制塑化剂指标等新问题列入审查细则，从原辅料到生产过程全环节质量安全控制，提出了更严格的要求。审查细则修订发布后，企业在生产许可证有效期届满换证时，必须遵照执行。真正落实白酒企业食品安全主体责任。

2. *主管部门与行业协会动态*

食药总局提出的《关于白酒生产企业建立质量安全追溯体系的指导意见》，通过指导白酒生产企业建立质量安全追溯体系，实现白酒质量安全顺向可追踪、逆向可溯源、风险可管控，发生质量安全问题时产品可召回、原因可查清、责任可追究，切实落实质量安全主体责任，保障白酒质量安全。与此同时，中国的白酒企业正试图利用这一时机，规范自身，转型升级。正是由于近年来白酒行业乱象和不规范，制约着白酒行业的发展，中国酒业协会组织的"品质诚实、服务诚心、产业诚信"的"中国白酒 3C 计划"，也是基于规范白酒行业而提出的。

3. *白酒贮存与包装的食品安全追溯体系工作*

记录白酒产品的相关信息，包括产品名称、执行标准及标准内容、配料、生产工艺、标签标识等。

记录原辅材料进货查验、生产过程控制、白酒出厂检验等三个关键环节。

记录与白酒生产过程相关设备的材质、采购、安装、使用、清洗、消毒及维护等信息，并与相应的生产信息关联。

记录与白酒生产过程相关的设施信息，包括原辅材料贮存车间及预处理车间、制曲车间、酿酒车间、酒库、勾调车间、包装车间、成品库、检验室等设施基本信息，并与相应的生产信息关联。

记录与白酒生产过程相关人员的培训、资质、上岗、编组、在班、健康等情况信息。明确人员各自职责，包括质量安全管理、技术工艺、生产操作、检验等不同岗位、不同环节的人员，切实将职责落实到具体岗位的具体人员。

检查与评估

一、任务实施原始记录表

质量与安全工作记录表

项　目	内容	评价	心得体会
质量体系建设			
危险源的控制分析			
规范要求控制点			
质量报告与不合格品控制			

二、考核评估

序号	考核项目	满分	考核标准	考核情况	得分
1	实习纪律	10	严格遵守实训实习纪律，服从辅导教师和相关人员的管理，无迟到、早退、旷课等现象，迟到一次扣3分，旷课一次扣10分，早退一次扣5分，着装不规范扣5分		
2	安全教育	10	熟悉白酒生产基地及酒厂的安全操作规程，认真落实安全教育，衣着、操作符合厂方规定，违反一次扣5分		
3	实训项目考核	50	每个单项目进行考核，每个人完成质量与安全工作记录表得满分，否则扣5～50分		

续表

序号	考核项目	满分	考核标准	考核情况	得分
4	现场提问	30	对本项目涉及的理论知识进行提问考核，回答基本正确扣 1～25 分，回答错误不得分		

三、思考与练习

1. 白酒贮存与包装在质量管理体系中的重要性是什么？
2. 影响白酒食品安全的因素有哪些？
3. 如何进行不合格品的监督和处理？

附　　录

酒精（白酒）容量百分比与质量分数及密度对照表

酒精度	密度	质量分数	酒精度	密度	质量分数	酒精度	密度	质量分数
0	0.99823	0	2.1	0.99515	1.6655	4.2	0.99216	3.3411
0.1	0.99808	0.0791	2.2	0.99500	1.7451	4.3	0.99203	3.4211
0.2	0.99793	0.1582	2.3	0.99486	1.8247	4.4	0.99189	3.5012
0.3	0.99779	0.2373	2.4	0.99471	1.9043	4.5	0.99175	3.5813
0.4	0.99764	0.3163	2.5	0.99457	1.9839	4.6	0.99161	3.6614
0.5	0.99749	0.3956	2.6	0.99443	2.0636	4.7	0.99147	3.7415
0.6	0.99734	0.4748	2.7	0.99428	2.1433	4.8	0.99134	3.8216
0.7	0.99719	0.5540	2.8	0.99414	2.2230	4.9	0.99120	3.9018
0.8	0.99705	0.6333	2.9	0.99399	2.3027	5.0	0.99105	3.9819
0.9	0.99690	0.7126	3.0	0.99385	2.3825	5.1	0.99093	4.0621
1.0	0.99675	0.7918	3.1	0.99371	2.4622	5.2	0.99079	4.1424
1.1	0.99660	0.8712	3.2	0.99357	2.5420	5.3	0.99066	4.2226
1.2	0.99646	0.9505	3.3	0.99343	2.6218	5.4	0.99053	4.3028
1.3	0.99631	1.0299	3.4	0.99329	2.7016	5.5	0.99040	4.3831
1.4	0.99617	1.1092	3.5	0.99315	2.7815	5.6	0.99026	4.4634
1.5	0.99602	1.1886	3.6	0.99300	2.8614	5.7	0.99013	4.5437
1.6	0.99587	1.2681	3.7	0.99286	2.9413	5.8	0.99000	4.6240
1.7	0.99573	1.3475	3.8	0.99272	3.0212	5.9	0.98986	4.7044
1.8	0.99558	1.4273	3.9	0.99258	3.1012	6.0	0.98973	4.7848
1.9	0.99544	1.5065	4.0	0.99244	3.1811	6.1	0.98960	4.8651
2.0	0.99529	1.5860	4.1	0.99230	3.2611	6.2	0.98947	4.9456

续表

酒精度	密度	质量分数	酒精度	密度	质量分数	酒精度	密度	质量分数
6.3	0.98935	5.0259	9.4	0.98548	7.5285	12.5	0.98181	10.0487
6.4	0.98922	5.1064	9.5	0.98536	7.6095	12.6	0.98169	10.1303
6.5	0.98909	5.1868	9.6	0.98524	7.6905	12.7	0.98158	10.2118
6.6	0.98896	5.2673	9.7	0.98512	7.7716	12.8	0.98146	10.2935
6.7	0.98883	5.3478	9.8	0.98500	7.8826	12.9	0.98135	10.3751
6.8	0.98871	5.4283	9.9	0.98488	7.9337	13.0	0.98123	10.4568
6.9	0.98858	5.5089	10.0	0.98476	8.0148	13.1	0.98112	10.5384
7.0	0.98845	5.5894	10.1	0.98464	8.0960	13.2	0.98100	10.6201
7.1	0.98832	5.6701	10.2	0.98452	8.1771	13.3	0.98089	10.7018
7.2	0.98820	5.7506	10.3	0.98440	8.2583	13.4	0.98077	10.7836
7.3	0.98807	5.8312	10.4	0.98428	8.3395	13.5	0.98066	10.8653
7.4	0.98795	5.9118	10.5	0.98416	8.4207	13.6	0.98055	10.9470
7.5	0.98782	5.9925	10.6	0.98404	8.5020	13.7	0.98043	11.0288
7.6	0.98769	6.0732	10.7	0.98392	8.5832	13.8	0.98032	11.1106
7.7	0.98757	6.1539	10.8	0.98380	8.6645	13.9	0.98020	11.1952
7.8	0.98744	6.2346	10.9	0.98368	8.7458	14.0	0.98009	11.2743
7.9	0.98732	6.3153	11.0	0.98356	8.8271	14.1	0.97998	11.3561
8.0	0.98719	6.3961	11.1	0.98344	8.9084	14.2	0.97987	11.4379
8.1	0.98707	6.4768	11.2	0.98333	8.9897	14.3	0.97975	11.5198
8.2	0.98694	6.5577	11.3	0.98321	9.0711	14.4	0.97964	11.6017
8.3	0.98682	6.6384	11.4	0.98309	9.1524	14.5	0.97953	11.6836
8.4	0.98670	6.7192	11.5	0.98298	9.2338	14.6	0.97942	11.7655
8.5	0.98658	6.8001	11.6	0.98286	9.3152	14.7	0.97931	11.8474
8.6	0.98645	6.8810	11.7	0.98274	9.3966	14.8	0.97919	11.9294
8.7	0.98633	6.9618	11.8	0.98262	9.4781	14.9	0.97908	12.0114
8.8	0.98621	7.0427	11.9	0.98251	9.5595	15.0	0.97897	12.0934
8.9	0.98608	7.1237	12.0	0.98239	9.6410	15.1	0.97886	12.1754
9.0	0.98596	7.2046	12.1	0.98227	9.7225	15.2	0.97875	12.2574
9.1	0.98584	7.2855	12.2	0.98216	9.8040	15.3	0.97864	12.3394
9.2	0.98572	7.3665	12.3	0.98204	9.8856	15.4	0.97853	12.4214
9.3	0.98560	7.4476	12.4	0.98193	9.9671	15.5	0.97842	12.5035

续表

酒精度	密度	质量分数	酒精度	密度	质量分数	酒精度	密度	质量分数
15.6	0.97831	12.5856	18.7	0.97497	15.1383	21.8	0.97167	17.7077
15.7	0.97820	12.6677	18.8	0.97486	15.2209	21.9	0.97156	17.7910
15.8	0.97809	12.7498	18.9	0.97476	15.3035	22.0	0.97145	17.8742
15.9	0.97798	12.8320	19.0	0.97465	15.3862	22.1	0.97134	17.9575
16.0	0.97787	12.9141	19.1	0.97454	15.4689	22.2	0.97123	18.0408
16.1	0.97776	12.9963	19.2	0.97444	15.5515	22.3	0.97112	18.1241
16.2	0.97765	13.0785	19.3	0.97434	15.6341	22.4	0.97101	18.2075
16.3	0.97754	13.1607	19.4	0.97423	15.7169	22.5	0.97090	18.2908
16.4	0.97743	13.2429	19.5	0.97412	15.7997	22.6	0.97080	18.3740
16.5	0.97732	13.3252	19.6	0.97402	15.8823	22.7	0.97069	18.4574
16.6	0.97722	13.4073	19.7	0.97392	15.9650	22.8	0.97058	18.5408
16.7	0.97711	13.4896	19.8	0.97381	16.0478	22.9	0.97047	18.6243
16.8	0.97700	13.5719	19.9	0.97370	16.1307	23.0	0.97036	18.7077
16.9	0.97689	13.6542	20.0	0.97360	16.2134	23.1	0.97025	18.7912
17.0	0.97678	13.7366	20.1	0.97349	16.2963	23.2	0.97014	18.8747
17.1	0.97667	13.8189	20.2	0.97339	16.3791	23.3	0.97003	18.9582
17.2	0.97657	13.9011	20.3	0.97328	16.4620	23.4	0.96992	19.0417
17.3	0.97646	13.9835	20.4	0.97317	16.5450	23.5	0.96980	19.1254
17.4	0.97635	14.0660	20.5	0.97306	16.6280	23.6	0.96969	19.2090
17.5	0.97624	14.1484	20.6	0.97296	16.7108	23.7	0.96958	19.2926
17.6	0.97614	14.2307	20.7	0.97285	16.7938	23.8	0.96947	19.3762
17.7	0.97603	14.3132	20.8	0.97274	16.8769	23.9	0.96936	19.4598
17.8	0.97592	14.3957	20.9	0.97264	16.9598	24.0	0.96925	19.5434
17.9	0.97582	14.4780	21.0	0.97253	17.0428	24.1	0.96914	19.6271
18.0	0.97571	14.5605	21.1	0.97242	17.1259	24.2	0.96902	19.7110
18.1	0.97560	14.6431	21.2	0.97231	17.2090	24.3	0.96891	19.7947
18.2	0.97550	14.7255	21.3	0.97221	17.2920	24.4	0.96880	19.8784
18.3	0.97539	14.8081	21.4	0.97210	17.3751	24.5	0.96868	19.9623
18.4	0.97529	14.8905	21.5	0.97199	17.4583	24.6	0.96857	20.0461
18.5	0.97518	14.9731	21.6	0.97188	17.5415	24.7	0.96846	20.1299
18.6	0.97507	15.0558	21.7	0.97177	17.6247	24.8	0.96835	20.2137

续表

酒精度	密度	质量分数	酒精度	密度	质量分数	酒精度	密度	质量分数
24.9	0.96823	20.2977	28.0	0.96466	22.9092	31.1	0.96087	25.5459
25.0	0.96812	20.3815	28.1	0.96454	22.9938	31.2	0.96074	25.6315
25.1	0.96801	20.4654	28.2	0.96442	23.0785	31.3	0.96062	25.7169
25.2	0.96789	20.5495	28.3	0.96430	23.1633	31.4	0.96049	25.8025
25.3	0.96778	20.6333	28.4	0.96418	23.2480	31.5	0.96036	25.8882
25.4	0.96767	20.7172	28.5	0.96406	23.3328	31.6	0.96023	25.9739
25.5	0.96756	20.8012	28.6	0.96394	23.4176	31.7	0.96010	26.0596
25.6	0.96744	20.8853	28.7	0.96382	23.5024	31.8	0.95998	26.1451
25.7	0.96733	20.9693	28.8	0.96370	23.5872	31.9	0.95985	26.2309
25.8	0.96722	21.0533	28.9	0.96358	23.6720	32.0	0.95972	26.3167
25.9	0.96710	21.1375	29.0	0.96346	23.7569	32.1	0.95959	26.4025
26.0	0.96699	21.2215	29.1	0.96334	23.8418	32.2	0.95945	26.4886
26.1	0.96687	21.3058	29.2	0.96322	23.9267	32.3	0.95932	26.5745
26.2	0.96676	21.3899	29.3	0.96309	24.0119	32.4	0.95919	26.6604
26.3	0.96664	21.4742	29.4	0.96297	24.0968	32.5	0.95906	26.7463
26.4	0.96653	21.5585	29.5	0.96285	24.1818	32.6	0.95892	26.8325
26.5	0.96641	21.6426	29.6	0.96273	24.2668	32.7	0.95879	26.9184
26.6	0.96629	21.7270	29.7	0.96261	24.3518	32.8	0.95866	27.0044
26.7	0.96618	21.8112	29.8	0.96248	24.4371	32.9	0.95852	27.0907
26.8	0.96606	21.8956	29.9	0.96236	24.5222	33.0	0.95839	27.1767
26.9	0.96595	21.9798	30.0	0.96224	24.6073	33.1	0.95826	27.2628
27.0	0.96583	22.0642	30.1	0.96212	24.6924	33.2	0.95812	27.3491
27.1	0.96571	22.1487	30.2	0.96199	24.7778	33.3	0.95798	27.4355
27.2	0.96560	22.2330	30.3	0.96187	24.8629	33.4	0.95785	27.5217
27.3	0.96548	22.3175	30.4	0.96174	24.9483	33.5	0.95772	27.6078
27.4	0.96536	22.4020	30.5	0.96162	25.0335	33.6	0.95758	27.6943
27.5	0.96524	22.4866	30.6	0.96150	25.1187	33.7	0.95744	27.7807
27.6	0.96513	22.5709	30.7	0.96137	25.2042	33.8	0.95731	27.8670
27.7	0.96501	22.6555	30.8	0.96125	25.2895	33.9	0.95718	27.9532
27.8	0.96489	22.7401	30.9	0.96112	25.3750	34.0	0.95704	28.0398
27.9	0.96478	22.8245	31.0	0.96100	25.4603	34.1	0.95690	28.1264

续表

酒精度	密度	质量分数	酒精度	密度	质量分数	酒精度	密度	质量分数
34.2	0.95676	28.2130	37.3	0.95225	30.9160	40.4	0.94741	33.6565
34.3	0.95662	28.2996	37.4	0.95210	31.0038	40.5	0.94725	33.7455
34.4	0.95648	28.3863	37.5	0.95195	31.0916	40.6	0.94709	33.8345
34.5	0.95634	28.4729	37.6	0.95180	31.1794	40.7	0.94693	33.9236
34.6	0.95619	28.5600	37.7	0.95165	31.2673	40.8	0.94676	34.0131
34.7	0.95605	28.6467	37.8	0.95149	31.3555	40.9	0.94660	34.1022
34.8	0.95591	28.7335	37.9	0.95134	31.4434	41.0	0.94644	34.1914
34.9	0.95577	28.8202	38.0	0.95119	31.5313	41.1	0.94628	34.2805
35.0	0.95563	28.9071	38.1	0.95104	31.6193	41.2	0.94611	34.3701
35.1	0.95549	28.9939	38.2	0.95088	31.7076	41.3	0.94594	34.4597
35.2	0.95534	29.0811	38.3	0.95072	31.7959	41.4	0.94578	34.5490
35.3	0.95520	29.1680	38.4	0.95057	31.8840	41.5	0.94562	34.6383
35.4	0.95505	29.2552	38.5	0.95042	31.9721	41.6	0.94545	34.7280
35.5	0.95491	29.3421	38.6	0.95026	32.0605	41.7	0.94528	34.8178
35.6	0.95477	29.4291	38.7	0.95010	32.1490	41.8	0.94512	34.9072
35.7	0.95462	29.5164	38.8	0.94995	32.2371	41.9	0.94496	34.9966
35.8	0.95448	29.6034	38.9	0.94980	32.3254	42.0	0.94479	35.0865
35.9	0.95433	29.6908	39.0	0.94964	32.4139	42.1	0.94462	35.1763
36.0	0.95419	29.7778	39.1	0.94948	32.5025	42.2	0.94445	35.2662
36.1	0.95404	29.8653	39.2	0.94932	32.5911	42.3	0.94428	35.3562
36.2	0.95389	29.9527	39.3	0.94917	32.6794	42.4	0.94411	35.4461
36.3	0.95375	30.0398	39.4	0.94901	32.7681	42.5	0.94394	35.5361
36.4	0.95360	30.1273	39.5	0.94885	32.8568	42.6	0.94377	35.6262
36.5	0.95345	30.2149	39.6	0.94869	32.9455	42.7	0.94360	35.7162
36.6	0.95330	30.3024	39.7	0.94853	33.0343	42.8	0.94343	35.8063
36.7	0.95315	30.3900	39.8	0.94838	33.1227	42.9	0.94326	35.8964
36.8	0.95301	30.4773	39.9	0.94822	33.2116	43.0	0.94309	35.9866
36.9	0.95286	30.5649	40.0	0.94806	33.3004	43.1	0.94292	36.0768
37.0	0.95271	30.6525	40.1	0.94790	33.3893	43.2	0.94274	36.1674
37.1	0.95256	30.7402	40.2	0.94774	33.4782	43.3	0.94256	36.2581
37.2	0.95241	30.8279	40.3	0.94757	33.5675	43.4	0.94239	36.3483

续表

酒精度	密度	质量分数	酒精度	密度	质量分数	酒精度	密度	质量分数
43.5	0.94222	36.4387	46.6	0.93665	39.2676	49.7	0.93077	42.1444
43.6	0.94204	36.5294	46.7	0.93646	39.3598	49.8	0.93058	42.2378
43.7	0.94186	36.6202	46.8	0.93628	39.4517	49.9	0.93038	42.3317
43.8	0.94169	36.7106	46.9	0.93609	39.5440	50.0	0.93019	42.4252
43.9	0.94152	36.8011	47.0	0.93591	39.6360	50.1	0.92999	42.5192
44.0	0.94134	36.8920	47.1	0.93572	39.7282	50.2	0.92980	42.6128
44.1	0.94116	36.9829	47.2	0.93554	39.8204	50.3	0.92960	42.7068
44.2	0.94098	37.0738	47.3	0.93535	39.9128	50.4	0.92940	42.8010
44.3	0.94081	37.1644	47.4	0.93516	40.0053	50.5	0.92920	42.8947
44.4	0.94063	37.2554	47.5	0.93498	40.0975	50.6	0.92901	42.9888
44.5	0.94045	37.3465	47.6	0.93479	40.1900	50.7	0.92881	43.0831
44.6	0.94027	37.4376	47.7	0.93460	40.2827	50.8	0.92861	43.1773
44.7	0.94009	37.5287	47.8	0.93441	40.3753	50.9	0.92842	43.2712
44.8	0.93992	37.6195	47.9	0.93423	40.4676	51.0	0.92822	43.3656
44.9	0.93974	37.7107	48.0	0.93404	40.5603	51.1	0.92802	43.4599
45.0	0.93956	37.8019	48.1	0.93385	40.6531	51.2	0.92782	43.5544
45.1	0.93938	37.8932	48.2	0.93366	40.7459	51.3	0.92762	43.6489
45.2	0.93920	37.9845	48.3	0.93347	40.8387	51.4	0.92742	43.7434
45.3	0.93902	38.0758	48.4	0.93328	40.9316	51.5	0.92722	43.8379
45.4	0.93884	38.1672	48.5	0.93308	41.0250	51.6	0.92701	43.9330
45.5	0.93866	38.2586	48.6	0.93289	41.1179	51.7	0.92681	44.0276
45.6	0.93847	38.3504	48.7	0.93270	41.2109	51.8	0.92661	44.1223
45.7	0.93829	38.4419	48.8	0.93251	41.3040	51.9	0.92641	44.2170
45.8	0.93811	38.5334	48.9	0.93232	41.3971	52.0	0.92621	44.3118
45.9	0.93793	38.6249	49.0	0.93213	41.4902	52.1	0.92601	44.4066
46.0	0.93775	38.7165	49.1	0.93194	41.5833	52.2	0.92580	44.5019
46.1	0.93757	38.8081	49.2	0.93174	41.6770	52.3	0.92560	44.5968
46.2	0.93738	38.9002	49.3	0.93155	41.7702	52.4	0.92540	44.6918
46.3	0.93720	38.9919	49.4	0.93135	41.8639	52.5	0.92520	44.7867
46.4	0.93701	39.0840	49.5	0.93116	41.9572	52.6	0.92499	44.8822
46.5	0.93683	39.1758	49.6	0.93097	42.0505	52.7	0.92479	44.9773

续表

酒精度	密度	质量分数	酒精度	密度	质量分数	酒精度	密度	质量分数
52.8	0.92459	45.0724	55.9	0.91811	48.0555	59.0	0.91138	51.0950
52.9	0.92438	45.1680	56.0	0.91790	48.1524	59.1	0.91116	51.1939
53.0	0.92418	45.2632	56.1	0.91769	48.2495	59.2	0.91091	51.2929
53.1	0.92397	45.3589	56.2	0.91747	48.3471	59.3	0.91071	51.3926
53.2	0.92377	45.4541	56.3	0.91726	48.4442	59.4	0.91049	51.4917
53.3	0.92356	45.5499	56.4	0.91704	48.5419	59.5	0.91027	51.5908
53.4	0.92336	45.6453	56.5	0.91683	48.6391	59.6	0.91005	51.6900
53.5	0.92315	45.7412	56.6	0.91662	48.7363	59.7	0.90983	51.7893
53.6	0.92294	45.8371	56.7	0.91640	48.8341	59.8	0.90960	51.8891
53.7	0.92274	45.9325	56.8	0.91619	48.9315	59.9	0.90938	51.9885
53.8	0.92253	46.0286	56.9	0.91597	49.0294	60.0	0.90916	52.0879
53.9	0.92233	46.1241	57.0	0.91576	49.1268	60.1	0.90894	52.1873
54.0	0.92212	46.2202	57.1	0.91554	49.2248	60.2	0.90871	52.2874
54.1	0.92191	46.3164	57.2	0.91532	49.3229	60.3	0.90848	52.3875
54.2	0.92170	46.4125	57.3	0.91511	49.4205	60.4	0.90826	52.4871
54.3	0.92149	46.5088	57.4	0.91489	49.5186	60.5	0.90804	52.5867
54.4	0.92128	46.6050	57.5	0.91467	49.6168	60.6	0.90781	52.6870
54.5	0.92108	46.7008	57.6	0.91445	49.7151	60.7	0.90758	52.7873
54.6	0.92087	46.7972	57.7	0.91423	49.8134	60.8	0.90736	52.8871
54.7	0.92066	46.8936	57.8	0.91402	49.9112	60.9	0.90714	52.9869
54.8	0.92045	46.9901	57.9	0.91380	50.0096	61.0	0.90691	53.0874
54.9	0.92024	47.0865	58.0	0.91358	50.1080	61.1	0.90668	53.1879
55.0	0.92003	47.1831	58.1	0.91336	50.2065	61.2	0.90645	53.2885
55.1	0.91982	47.2797	58.2	0.91314	50.3050	61.3	0.90623	53.3885
55.2	0.91960	47.3768	58.3	0.91292	50.4036	61.4	0.90600	53.4892
55.3	0.91939	47.4735	58.4	0.91270	50.5022	61.5	0.90577	53.5899
55.4	0.91918	47.5702	58.5	0.91248	50.6009	61.6	0.90554	53.6907
55.5	0.91896	47.6675	58.6	0.91226	50.6996	61.7	0.90531	53.7915
55.6	0.91875	47.7643	58.7	0.91204	50.7984	61.8	0.90509	53.8918
55.7	0.91854	47.8611	58.8	0.91182	50.8977	61.9	0.90486	53.9927
55.8	0.91833	47.9580	58.9	0.91160	50.9961	62.0	0.90463	54.0937

续表

酒精度	密度	质量分数	酒精度	密度	质量分数	酒精度	密度	质量分数
62.1	0.90440	54.1947	65.2	0.89716	57.3592	68.3	0.88971	60.5896
62.2	0.90417	54.2958	65.3	0.89693	57.4619	68.4	0.88947	60.6946
62.3	0.90394	54.3969	65.4	0.89669	57.5653	68.5	0.88922	60.8005
62.4	0.90371	54.4981	65.5	0.89645	57.6688	68.6	0.88897	60.9064
62.5	0.90348	54.5998	65.6	0.89621	57.7723	68.7	0.88873	61.0116
62.6	0.90324	54.7012	65.7	0.89597	57.8759	68.8	0.88848	61.1176
62.7	0.90301	54.8025	65.8	0.89574	57.9788	68.9	0.88824	61.2230
62.8	0.90278	54.9039	65.9	0.89550	58.0825	69.0	0.88799	61.3291
62.9	0.90255	55.0054	66.0	0.89526	58.1862	69.1	0.88774	61.4353
63.0	0.90232	55.1068	66.1	0.89502	58.2900	69.2	0.88749	61.5415
63.1	0.90209	55.2084	66.2	0.89478	58.3939	69.3	0.88725	61.6471
63.2	0.90185	55.3106	66.3	0.89454	58.4978	69.4	0.88700	61.7535
63.3	0.90162	55.4122	66.4	0.89430	58.6017	69.5	0.88675	61.8599
63.4	0.90139	55.5139	66.5	0.89406	58.7057	69.6	0.88650	61.9664
63.5	0.90116	55.6157	66.6	0.89382	58.8098	69.7	0.88625	62.0729
63.6	0.90092	55.7180	66.7	0.89358	58.9139	69.8	0.88601	62.1788
63.7	0.90069	55.8200	66.8	0.89334	59.0181	69.9	0.88576	62.2855
63.8	0.90046	55.9219	66.9	0.89310	59.1223	70.0	0.88551	62.3922
63.9	0.90022	56.0245	67.0	0.89286	59.2266	70.1	0.88526	62.4990
64.0	0.89999	56.1265	67.1	0.89262	59.3310	70.2	0.88501	62.6058
64.1	0.89976	56.2286	67.2	0.89238	59.4354	70.3	0.88476	62.7127
64.2	0.89952	56.3313	67.3	0.89214	59.5398	70.4	0.88451	62.8196
64.3	0.89928	56.4341	67.4	0.89190	59.6444	70.5	0.88426	62.9267
64.4	0.89905	56.5363	67.5	0.89166	59.7489	70.6	0.88402	63.0330
64.5	0.89882	56.6386	67.6	0.89141	59.8542	70.7	0.88377	63.1402
64.6	0.89858	56.7416	67.7	0.89117	59.9589	70.8	0.88352	63.2474
64.7	0.89834	56.8446	67.8	0.89093	60.0636	70.9	0.88327	63.3546
64.8	0.89811	56.9470	67.9	0.89069	60.1684	71.0	0.88302	63.4619
64.9	0.89788	57.0495	68.0	0.89045	60.2733	71.1	0.88277	63.5693
65.0	0.89764	57.1527	68.1	0.89020	60.3787	71.2	0.88252	63.6768
65.1	0.89740	57.2559	68.2	0.88996	60.4839	71.3	0.88227	63.7843

续表

酒精度	密度	质量分数	酒精度	密度	质量分数	酒精度	密度	质量分数
71.4	0.88202	63.8918	74.5	0.87408	67.2714	77.6	0.86588	70.7342
71.5	0.88176	64.0002	74.6	0.87381	67.3825	77.7	0.86561	70.8475
71.6	0.88151	64.1079	74.7	0.87355	67.4930	77.8	0.86534	70.9608
71.7	0.88126	64.2156	74.8	0.87329	67.6034	77.9	0.86507	71.0742
71.8	0.88101	64.3234	74.9	0.87303	67.7140	78.0	0.86480	71.1876
71.9	0.88076	64.4313	75	0.87277	67.8246	78.1	0.86453	71.3012
72.0	0.88051	64.5392	75.1	0.87251	67.9352	78.2	0.86425	71.4156
72.1	0.88026	64.6472	75.2	0.87225	68.0460	78.3	0.86398	71.5292
72.2	0.88000	64.7560	75.3	0.87198	68.1576	78.4	0.86371	71.6430
72.3	0.87974	64.8640	75.4	0.87172	68.2684	78.5	0.86344	71.7568
72.4	0.87949	64.9731	75.5	0.87146	68.3794	78.6	0.86316	71.8715
72.5	0.87924	65.0813	75.6	0.87120	68.4904	78.7	0.86289	71.9855
72.6	0.87898	65.1903	75.7	0.87094	68.6014	78.8	0.86262	72.0995
72.7	0.87872	65.2994	75.8	0.87067	68.7134	78.9	0.86234	72.2144
72.8	0.87847	65.4079	75.9	0.87041	68.8246	79.0	0.86207	72.3286
72.9	0.87822	65.5164	76	0.87015	68.9358	79.1	0.86180	72.4429
73.0	0.87796	65.6257	76.1	0.86989	69.0472	79.2	0.86152	72.5580
73.1	0.87770	65.7350	76.2	0.86962	69.1594	79.3	0.86124	72.6724
73.2	0.87744	65.8445	76.3	0.86936	69.2708	79.4	0.86097	72.7877
73.3	0.87719	65.9532	76.4	0.86909	69.3832	79.5	0.86070	72.9022
73.4	0.87693	66.0628	76.5	0.86882	69.4955	79.6	0.86042	73.0177
73.5	0.87667	66.1724	76.6	0.86856	69.6073	79.7	0.86014	73.1332
73.6	0.87641	66.2821	76.7	0.86830	69.7190	79.8	0.85987	73.2480
73.7	0.87615	66.3918	76.8	0.86803	69.8316	79.9	0.85960	73.3628
73.8	0.87590	66.5009	76.9	0.86776	69.9443	80.0	0.85932	73.4786
73.9	0.87564	66.6108	77	0.86750	70.0562	80.1	0.85904	73.5944
74.0	0.87538	66.7207	77.1	0.86723	70.1691	80.2	0.85876	73.7103
74.1	0.87512	66.8307	77.2	0.86696	70.2820	80.3	0.85848	73.8263
74.2	0.87486	66.9408	77.3	0.86669	70.3949	80.4	0.85820	73.9423
74.3	0.87460	67.0510	77.4	0.86642	70.5079	80.5	0.85792	74.0585
74.4	0.87434	67.1612	77.5	0.86615	70.6210	80.6	0.85765	74.1738

续表

酒精度	密度	质量分数	酒精度	密度	质量分数	酒精度	密度	质量分数
80.7	0.85737	74.2901	83.8	0.84849	77.9512	86.9	0.83918	81.7316
80.8	0.85709	74.4064	83.9	0.84820	78.0709	87.0	0.83887	81.8559
80.9	0.85681	74.5229	84.0	0.84791	78.1907	87.1	0.83856	81.9803
81.0	0.85653	74.6394	84.1	0.84761	78.3115	87.2	0.83824	82.1058
81.1	0.85625	74.7560	84.2	0.84732	78.4314	87.3	0.83793	82.2303
81.2	0.85596	74.8735	84.3	0.84702	78.5524	87.4	0.83762	82.3550
81.3	0.85568	74.9902	84.4	0.84673	78.6725	87.5	0.83730	82.4807
81.4	0.85539	75.1079	84.5	0.84643	78.7937	87.6	0.83699	82.6056
81.5	0.85511	75.2248	84.6	0.84613	78.9149	87.7	0.83668	82.7305
81.6	0.85483	75.3418	84.7	0.84584	79.0352	87.8	0.83637	82.8556
81.7	0.85454	75.4597	84.8	0.84554	79.1566	87.9	0.83605	82.9817
81.8	0.85426	75.5769	84.9	0.84525	79.2772	88.0	0.83574	83.1069
81.9	0.85397	75.6949	85.0	0.84495	79.3987	88.1	0.83524	83.2332
82.0	0.85369	75.8122	85.1	0.84465	79.5204	88.2	0.83510	83.3596
82.1	0.85340	75.9305	85.2	0.84435	79.6421	88.3	0.83478	83.4861
82.2	0.85312	76.0479	85.3	0.84405	79.7639	88.4	0.83446	83.6127
82.3	0.85283	76.1663	85.4	0.84375	79.8858	88.5	0.83414	83.7394
82.4	0.85254	76.2848	85.5	0.84344	80.0088	88.6	0.83382	83.8662
82.5	0.85226	76.4025	85.6	0.84314	80.1308	88.7	0.83350	83.9731
82.6	0.85197	76.5211	85.7	0.84284	80.2530	88.8	0.83318	84.1000
82.7	0.85168	76.6399	85.8	0.84254	80.3753	88.9	0.83286	84.2272
82.8	0.85139	76.7587	85.9	0.84224	80.4976	89.0	0.83254	84.3544
82.9	0.85111	76.8767	86.0	0.84194	80.6200	89.1	0.83221	84.4928
83.0	0.85082	76.9956	86.1	0.84163	80.7435	89.2	0.83188	84.6311
83.1	0.85053	77.1147	86.2	0.84133	80.8661	89.3	0.83156	84.7585
83.2	0.85024	77.2338	86.3	0.84102	80.9898	89.4	0.83123	84.8871
83.3	0.84995	77.3530	86.4	0.84071	81.1135	89.5	0.83090	85.0159
83.4	0.84966	77.4723	86.5	0.84040	81.2373	89.6	0.83057	85.1447
83.5	0.84936	77.5926	86.6	0.84010	81.3606	89.7	0.83024	85.2736
83.6	0.84907	77.7121	86.7	0.83979	81.4843	89.8	0.82992	85.4016
83.7	0.84878	77.8316	86.8	0.83948	81.6084	89.9	0.82959	85.5307

续表

酒精度	密度	质量分数	酒精度	密度	质量分数	酒精度	密度	质量分数
90.0	0.82926	85.6599	93.1	0.81856	89.7687	96.2	0.80665	94.1273
90.1	0.82892	85.7902	93.2	0.81820	89.9046	96.3	0.80624	94.2730
90.2	0.82859	85.9196	93.3	0.81783	90.0418	96.4	0.80582	94.4201
90.3	0.82825	86.0502	93.4	0.81746	90.1791	96.5	0.80541	94.5662
90.4	0.82792	86.1798	93.5	0.81710	90.3154	96.6	0.80500	94.7124
90.5	0.82758	86.3106	93.6	0.81673	90.4530	96.7	0.80458	94.8599
90.6	0.82724	86.4415	93.7	0.81636	90.5907	96.8	0.80417	95.0064
90.7	0.82691	86.5714	93.8	0.81599	90.7285	96.9	0.80375	95.1543
90.8	0.82657	86.7025	93.9	0.81563	90.8653	97.0	0.80334	95.3011
90.9	0.82624	86.8327	94.0	0.81526	91.0033	97.1	0.80290	95.4516
91.0	0.82590	86.9640	94.1	0.81488	91.1426	97.2	0.80247	95.6011
91.1	0.82556	87.0954	94.2	0.81450	91.2821	97.3	0.80203	95.752
91.2	0.82521	87.2280	94.3	0.81411	91.4227	97.4	0.80159	95.9030
91.3	0.82487	87.3596	94.4	0.81373	91.5624	97.5	0.80116	96.0530
91.4	0.82453	87.4914	94.5	0.81335	91.7022	97.6	0.80072	96.2044
91.5	0.82418	87.6243	94.6	0.81297	91.8422	97.7	0.80028	96.3559
91.6	0.82384	87.7563	94.7	0.81259	91.9823	97.8	0.79984	96.5076
91.7	0.82359	87.8884	94.8	0.81220	92.1236	97.9	0.79941	96.6582
91.8	0.82316	88.0205	94.9	0.81182	92.2640	98.0	0.79897	96.8102
91.9	0.82281	88.1539	95.0	0.81144	92.4044	98.1	0.79850	96.9660
92.0	0.82247	88.2863	95.1	0.81104	92.5473	98.2	0.79804	97.1208
92.1	0.82212	88.4199	95.2	0.81065	92.6892	98.3	0.79757	97.2770
92.2	0.82176	88.5547	95.3	0.81025	92.8324	98.4	0.79711	97.4332
92.3	0.82141	88.6885	95.4	0.80986	92.9745	98.5	0.79664	97.5894
92.4	0.82105	88.8235	95.5	0.80946	93.1180	98.6	0.79617	97.7455
92.5	0.82070	88.9576	95.6	0.80906	93.2616	98.7	0.79571	97.9012
92.6	0.82035	89.0917	95.7	0.80867	93.4042	98.8	0.79524	98.0583
92.7	0.81999	89.2271	95.8	0.80827	93.5480	98.9	0.79478	98.2144
92.8	0.81964	89.3615	95.9	0.80788	93.6909	99.0	0.79431	98.3718
92.9	0.81928	89.4971	96.0	0.80748	93.8350	99.1	0.79381	98.5332
93.0	0.81893	89.6317	96.1	0.80707	93.9805	99.2	0.79330	98.6961

续表

酒精度	密度	质量分数	酒精度	密度	质量分数	酒精度	密度	质量分数
99.3	0.79280	98.8579	99.6	0.79129	99.3457	99.9	0.78977	99.8368
99.4	0.79229	99.0211	99.7	0.79078	99.5096	100.0		
99.5	0.79179	99.1833	99.8	0.79028	99.6725			

参考文献

[1] 李大和. 白酒生产问答. 北京：中国轻工业出版社，1999.

[2] 李大和. 白酒酿造培训教程. 北京：中国轻工业出版社，2013.

[3] 李大和. 白酒酿造工教程（上、中、下）. 北京：中国轻工业出版社，2014.

[4] 罗惠波，辜义洪，黄治国. 白酒酿造技术. 成都：西南交通大学出版社，2012.

[5] 肖冬光. 白酒生产技术. 北京：化学工业出版社，2009.

[6] 赖登燡，王久明，余乾伟，陈万能. 白酒生产实用技术. 北京：化学工业出版社，2000.

[7] 沈怡方. 白酒生产技术全书. 北京：中国轻工业出版社，1998.

[8] 白酒标准汇编（第4版）. 北京：中国标准出版社，2013.

[9] 黄亚东. 白酒生产技术第二版. 北京：中国轻工业出版社，2014.

[10] 余乾伟. 传统白酒酿造技术. 北京：中国轻工业出版社，2014.

[11] 王延才. 中国白酒. 北京：中国轻工业出版社，2011.

[12] 周荣祖. 白酒酿造工. 北京：中国劳动社会保障出版社，2010.

[13] 罗启荣，何文丹. 中国酒文化大观. 南宁：广西民族出版社，2001.

[14] 王鲁地. 中国酒文化赏析. 济南：山东大学出版社，2009.

[15] 徐兴海. 中国酒文化概论. 中国轻工业出版社，2014.

[16] 翟文良. 中国酒典. 上海，上海科学普及出版社，2011.

[17] 王念石. 中国历代酒具鉴赏图典. 天津：天津古籍出版社，2009.

[18] 黎福清. 中国酒器文化. 天津：百花文艺出版社，2003.

[19] 杨永善. 陶瓷造型设计. 北京：高等教育出版社，2005.

[20] 余华兵. "酒以瓷贵，瓷以酒香"浅析陶瓷酒瓶的造型与装饰设计. 艺术科技，2013，7：194.

[21] 周峰. 传统文化在中式白酒包装与瓶型设计中的应用. 包装 & 设计：2009（5）；115-117.

[22] 宋晓勇. 酒厂防火防爆关键技术研究及应用. 消防科学与技术，2011，30（3）：221-227.

[23] 李绍亮. 注重酒库科学管理是提高浓香型白酒质量的重要环节. 酿酒科技，2012，10：133-136.